Karim Gabsi
Maher Trigui
Ahmed N. Helal

Modélisation de l'extraction et de la séparation des sucres

Karim Gabsi
Maher Trigui
Ahmed N. Helal

Modélisation de l'extraction et de la séparation des sucres

Modélisation par la méthode des éléments finis et les réseaux de neurones artificiels

Presses Académiques Francophones

Impressum / Mentions légales
Bibliografische Information der Deutschen Nationalbibliothek: Die Deutsche Nationalbibliothek verzeichnet diese Publikation in der Deutschen Nationalbibliografie; detaillierte bibliografische Daten sind im Internet über http://dnb.d-nb.de abrufbar.
Alle in diesem Buch genannten Marken und Produktnamen unterliegen warenzeichen-, marken- oder patentrechtlichem Schutz bzw. sind Warenzeichen oder eingetragene Warenzeichen der jeweiligen Inhaber. Die Wiedergabe von Marken, Produktnamen, Gebrauchsnamen, Handelsnamen, Warenbezeichnungen u.s.w. in diesem Werk berechtigt auch ohne besondere Kennzeichnung nicht zu der Annahme, dass solche Namen im Sinne der Warenzeichen- und Markenschutzgesetzgebung als frei zu betrachten wären und daher von jedermann benutzt werden dürften.

Information bibliographique publiée par la Deutsche Nationalbibliothek: La Deutsche Nationalbibliothek inscrit cette publication à la Deutsche Nationalbibliografie; des données bibliographiques détaillées sont disponibles sur internet à l'adresse http://dnb.d-nb.de.
Toutes marques et noms de produits mentionnés dans ce livre demeurent sous la protection des marques, des marques déposées et des brevets, et sont des marques ou des marques déposées de leurs détenteurs respectifs. L'utilisation des marques, noms de produits, noms communs, noms commerciaux, descriptions de produits, etc, même sans qu'ils soient mentionnés de façon particulière dans ce livre ne signifie en aucune façon que ces noms peuvent être utilisés sans restriction à l'égard de la législation pour la protection des marques et des marques déposées et pourraient donc être utilisés par quiconque.

Coverbild / Photo de couverture: www.ingimage.com

Verlag / Editeur:
Presses Académiques Francophones
ist ein Imprint der / est une marque déposée de
OmniScriptum GmbH & Co. KG
Heinrich-Böcking-Str. 6-8, 66121 Saarbrücken, Deutschland / Allemagne
Email: info@presses-academiques.com

Herstellung: siehe letzte Seite /
Impression: voir la dernière page
ISBN: 978-3-8416-3373-6

Zugl. / Agréé par: Monastir, Université de Monastir, 2014

Liste des figures

i

iv

Liste des tableaux

Table des matières

CHAPITRE 1: INTRODUCTION

Le sucre blanc ou "saccharose" représente un élément essentiel dans l'industrie agroalimentaire. Il intervient dans la fabrication de divers produits: Les biscuits, les glaces, les dérivés laitiers, les pâtisseries, les confiseries, les boissons gazeuses et d'autres céréales chocolatés. Ce qui explique la relation entre l'évolution de l'industrie agroalimentaire et l'augmentation de la consommation des sucres. Cette consommation sucrière a atteint 365000 tonnes en 2010 (Bilan ISO, Commission Européenne, FranceAgriMer).

D'autre part et suite aux décisions prises lors du Conseil Interministeriel (CIM) du 15/09/1997 relatives au non obligation aux agriculteurs d'introduire la culture de la betterave à sucre dans son assolement à partir de l'année 2000 et les années suivantes, se sont caractérisées par une absence totale de production du bettrave à sucre, source principale du sucre en Tunisie (I.N.S, 2013). Afin de remédier à cette situation il y a eu recours à l'importation du sucre brut pour être traité au niveau du complexe sucrier. Cette importation est en nette augmentation où elle a atteint 230000 tonnes durant les huits premiers mois de l'année actuelle comparablement à 146000 tonnes importées durant la même periode de l'année précédente (O.N.C., 2013).

En plus du problème de disponibilité de la matière sucrière, le stockage du saccharose sous forme solide et emballée en sacs, pose des problèmes hygiéniques. Ces sacs peuvent être déchirés soit par des agents physiques ou biologiques (rongeurs), ce qui entraîne l'altération de la matière première. Le saccharose est utilisé, sous forme liquide, dans les produits alimentaires, ce qui peut entraîner son altération biologique, chimique ou physique et nuire à la qualité du produit final.

A cause de ces problèmes, est née l'idée de chercher d'autres sources de sucre fourni sous forme liquide pour les applications purement industrielles. Ce qui permet de diminuer la compétition entre la consommation familiale et la consommation industrielle du sucre blanc.

Les dattes communes représentent une composante importante, du point de vue économique, particulièrement pour le Sud Tunisien. Celles-ci forment le

1

pilier de l'économie dans les régions du Djérid et du Nefzaoua. La culture des dattes est la principale activité de ces régions (Rhouma, 1994). Les palmeraies tunisiennes couvrent une superficie de 40000 ha (C.R.D.A., 2013) et assurent une production en nette évolution qui a atteint 200000 tonnes au cours de la compagne 2013/2014 par rapport à 182000 tonnes au cours de la compagne 2012/2013 (C.R.D.A., 2013).

La production nommée "dattes communes", de qualité sensorielle médiocre, a atteint les 57650 tonnes au cours de la campagne 2013/2014 (C.R.D.A., 2013). Cette masse importante est le plus souvent laissée en friche ou commercialisée à des coûts très bas malgré qu'elles constituent un réservoir énorme apte à être le point de départ de plusieurs composants à haute valeur ajoutée qui seront destinés à l'industrie agroalimentaire. Parmi ces composés intéressants, on peut noter la présence du fructose.

Le fructose est utilisé en industrie agroalimentaire dans plusieurs pays occidentaux, en particulier aux USA et au Japon comme édulcorant des aliments d'origine industrielle. Il est commercialisé sous forme de "HFCS" "*high fructose corn syrup*", c'est une solution de sirop sucré riche en fructose obtenue après isomérisation des molécules de glucose et de leurs transformations en fructose. On différencie la concentration de HFCS selon sa richesse en fructose, où on trouve des HFCS à : 42%, 55% et 90% (Zhang et al., 2004).

Ce produit commercial n'est jamais obtenu à partir des dattes mais le plus souvent à partir de la culture de maïs.

La propriété physique hydrosoluble du fructose par rapport au glucose et au saccharose ainsi que les coûts faibles du maïs par rapport au sucre de canne ont conduit à l'utiliser préférentiellement dans les sodas qui en contiennent 4 à 8 % en moyenne. En plus, le fructose de grande valeur édulcorante et de faible pouvoir hyperglycémiant peut avoir un large champ d'application, plus important de part son intégration dans les gâteaux, les boissons gazeuses, les bonbons diététiques, les chocolats…

De ce point de vue, l'objectif général de ce travail est de valoriser les dattes communes par production du fructose. Cependant, le procédé de production de

2

fructose à partir des dattes est un procédé très complexe. Plusieurs facteurs interviennent lors des étapes de production telles que la variété de datte, la température de diffusion des sucres, le coefficient de diffusion, la durée de diffusion, les propriétés rhéologiques du sirop de dattes, les concentrations initiales de fructose et de glucose, le temps d'induction de glucose en fructose (Trigui et al., 2010; Gabsi et al., 2013). A cause de la complexité du fonctionnement et du contrôle du procédé de production du fructose est née l'idée de la modélisation de toutes les étapes afin de déterminer les différents coefficients, prédire les résultats de plusieurs situations, et de contrôler le procédé de production, d'étudier l'effet de l'interaction des différents facteurs, détermination des conditions optimales de production. Cette modélisation est très utile à l'installation d'une unité industrielle de production de fructose à partir des dattes communes.

Parmi les méthodes de modélisation proposées, celle des éléments finis qui représente un outil très puissant pour la modélisation des procédés biotechnologiques très complexes. Cette méthode est très générale et possède une base mathématique rigoureuse qui est fort utile, même sur le plan pratique. En effet, cette base mathématique permet de prévoir, jusqu'à un certain point très avavncé, la précision de l'approximation et même d'améliorer cette précision, via les méthodes dites adaptatives (Bathe, 1996).

On cite aussi la modélisation par les réseaux de neurones artificiels, connue comme étant un outil de modélisation très puissant. Les principaux avantages d'une telle technique sont: la modélisation, sans aucune hypothèse sur la nature des mécanismes qui sous-tendent le processus phénoménologique, la capacité d'apprendre des relations linéaires et non linéaires entre les variables et directement à partir d'un ensemble d'exemples et la capacité de modélisation de plusieurs sorties simultanément (Parizeau, 2004).

CHAPITRE 2: ETUDE BIBLIOGRAPHIQUE

1. Le palmier dattier

Ce palmier, connu depuis l'antiquité, était considéré par les égyptiens comme un symbole de fertilité, représenté par les carthaginois sur les pièces de monnaies et les monuments, et utilisé par les grecs et les latins comme ornement lors des célébrations triomphales.

1.1. Etymologie:

Le terme générique est un nom antique déjà cité par Théophraste, utilisé par les grecs pour dénommer les plantes de ce genre. Celui-ci dérive de *phoenix* = phénicien, car ce serait justement les phéniciens qui auraient diffusé cette plante. Le terme spécifique est composé de *dactylus* = dattes (du grec *dactylos*) et *fero* = je porte, soit "porteur de dattes".

1.2. Description botanique:

Le palmier dattier *"Phœnix dactylifera L."* est une angiosperme monocotylédone, appartenant à l'ordre des palmales et à la famille des Arecacées. Il constitue une plante à importance économique et écologique des régions arides et semi-arides des pays phœnicoles; cette plante servt à lutter contre l'expansion désertique (Munier, 1973).

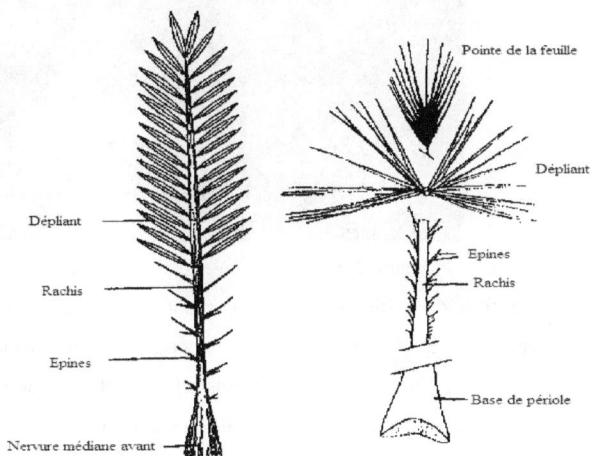

Figure 1: Feuille du palmier dattier *Phoenix dactylifera L* (Munier, 1973).

Imposant palmier au tronc très élancé, haut jusqu'à 30 m, il est couvert de manière visible par les gaines des feuilles tombées. Les feuilles, réunies en un nombre de 20 à 30 maximums, forment une couronne apicale clairsemée. Elles sont pennées, longues jusqu'à 6 m; les feuilles supérieures sont ascendantes, les basales recourbées vers le bas, avec des segments coriaces, linéaires, rigides et piquants, de couleur verte (Figure 1).

Les fleurs, monosexuées sur plantes dioïques, sont petites, de couleur blanchâtre, parfumées, réunies en spadices axillaires longs jusqu'à 120 cm et fortement recourbés par le poids des fruits (Figure 2). Ces derniers, communément appellés dattes, sont des baies oblongues, de couleur orange-foncé à maturité, longues jusqu'à 5 cm chez les variétés cultivées, contenant une pulpe sucrée et une graine de consistance ligneuse.

Figure 2: Fleur du palmier dattier (Dawson, 1982)

Le fruit du dattier est une baie ayant une seule graine communément appelée noyau. Il comporte une enveloppe fine cellulosique, l'épicarpe ou peau, un mésocarpe plus au moins charnu et de consistance variable, présentant une zone périphérique de couleur plus soutenue et de texture fibreuse et un endocarpe, réduit à une membrane parcheminée entourant le noyau (Figure 3). L'épicarpe, le mésocarpe et l'endocarpe sont confondus et appelés chair ou pulpe (Munier, 1973 ; Djerbi, 1994).

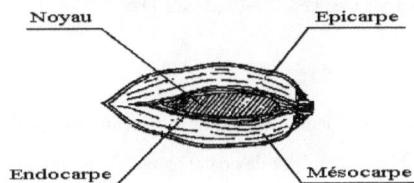

Figure 3: Morphologie du fruit du dattier (Munier, 1973)

1.3. Composition de la datte

La composition des dattes est variable selon les variétés et selon le stade de maturation. Les teneurs en matière sèche, en eau, en lipides, en éléments minéraux, en tanins et en fibres diminuent progressivement du stade « Blah » au stade « Tamar ». Par contre, les protéines et les sucres totaux marquent une augmentation (Al-hooti et al., 1995 ; Ben Salah & Hellali, 1995).

La pulpe de la datte mûre est composée de sucres, d'eau, de protéines, de lipides, d'éléments minéraux et de produits divers (fibres, tannins, vitamines...). Les sucres et l'eau sont les constituants les plus importants qui confèrent par leurs proportions la consistance de la chair (El-Shurafa et al., 1982).

Les teneurs minimales et maximales des principales composantes de dattes (pulpe et noyau) au stade «Tamar » sont résumées dans le tableau 1. Ces chiffres sont tirés de nombreux travaux (Toutain, 1967; El-Shurafa, Ahmed, & Abou-Naji, 1982; Sawaya, Miski, Khalil, Khatchadourian, & Mashadi, 1983a; Sawaya, Safi, Black, Mashadi, & Al-Muhammad, 1983b; Al-Showiman, 1990; Estanove, 1990; Djerbi, 1994; Reynes, Bouabidi, Piompo, & Risterucci, 1994; Ahmed, Ahmed, & Robinson, 1995a) (Al-Hooti, Jiuan, & Quabazard, 1995; Ben Salah & Hellali, 1995; Bouabidi, Reynes, & Rouissi, 1996; Hamada, Hashim, & Sharif, 2002; Al-Shahib & Marshall, 2003b; Besbes, Blecker,

6

Deroanne, Drira, & Attia, 2004; Munier, 1973; Saafi, Trigui, Thabet, Hammami, & Achour, 2008)

Le noyau représente 4 à 18 % du poids total. Il contient davantage de lipides et de protéines que la pulpe (Tableau 1).

Tableau 1: Les teneurs minimales et maximales des principaux constituants de pulpe et de noyau des dattes au stade « Tamar » en g /100 g de MS

Composantes	Pulpe	Noyau
Sucres totaux	44 – 88,6	3,8 – 5,8
Eau	7,8 – 40	5,2 – 10,3
Protéines	1,7 – 6,0	4,5 – 7,6
Lipides	0,1 – 1,0	7,0 – 12,7
Fibres	2,0 – 3,0	45,6 – 71,0
Cendres	1,5 – 3,0	0,8 – 1,4

La partie suivante illustre les teneurs et les intérêts des principaux constituants de la datte.

1.3.1. Les sucres simples

a. Teneur en sucres

Les sucres constituent l'élément le plus important de la chair de la datte. Ils représentent 44 à 88,6 % de poids sec total (Tableau 2). Les sucres rencontrés sont le fructose, le glucose et le saccharose (Munier, 1973; Reynes et al., 1994).

Le tableau 2 résume les proportions des sucres simples présentes dans 5 variétés de dattes Tunisiennes au stade « Tamar ».

Les teneurs en sucres varient d'une variété à une autre (Tableau 2) et d'un stade de maturation à l'autre. Au stade « Tamar », certaines variétés de dattes sont totalement dépourvues de saccharose ; elles sont qualifiées de dattes à sucres réducteurs, par contre d'autres en contiennent une proportion élevée ; elles sont dites dattes à saccharose (Estanove, 1990 ; Mahjoub & Jraidi, 1992).

7

L' étude d' Al-Hooti et al. (1995) sur 5 variétés des Emirates Arabes montrent que le taux de saccharose augmente rapidement du stade « Blah » à « Bsir » pour toutes les variétés notamment pour « Gash Habash » de 4,3 à 28,8 % de matière sèche (MS) mais, il diminue à une valeur non détectable au stade « Tamar ». De même, ils ont montré que le glucose et le fructose augmentent plus que deux fois du stade « Blah » au stade « Tamar » pour toutes les variétés. Pour la variété « Gash Habash », les teneurs évoluent de 26,7 à 43,8 % de MS pour le glucose et de 15,0 à 44,8 % de MS pour le fructose avec un rapport Glucose:Fructose proche de 1:1.

Le degré de réduction de la teneur en saccharose vers le dernier stade de maturation, suite à son hydrolyse en fructose et glucose, dépend de la variété de dattes, autrement dit de la quantité d'invertase produite et de son activité (conditions d'hydratation) (Ahmed, Ahmed, & Robinson, 1995a).

Le noyau présente une faible teneur en sucres totaux variant entre 3,8 et 5,8 %. Les sucres réducteurs et non réducteurs en constituent respectivement, en moyenne, 2,5 et 2,0 % de l'extrait sec total (El-Shurafa et al., 1982).

Tableau 2:Les teneurs en sucres de quelques variétés Tunisiennes au stade « Tamar » en g /100 g de matière fraîche (MF) (Bouabidi et al., 1996).

Cultivars	Fructose	Glucose	Saccharose	Sucres totaux
Aguioua	26,2	28,8	0,0	55,0
Bouhattam	18,2	19,8	3,7	41,8
Horra	4,8	5,7	47,7	58,2
Lemsi	24,0	25,9	7,9	57,8
Om Glaz	28,2	30,9	0,0	59,0

b. Composition chimique:

Le glucose (hexo-aldose) et le fructose (hexo-cétose) sont les hexoses réducteurs les plus connus.

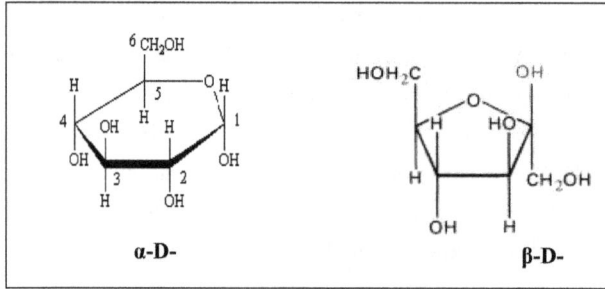

Figure 4: Structure chimique de α-D-Glucose et de β-D-Fructose (Robyt, 1998)

Le glucose est très répandu dans le milieu végétal à l'état libre ou à l'état combiné. Le fructose est abondant à l'état libre dans les végétaux et comme son nom l'indique dans les fruits. A l'état combiné, il est également très fréquemment rencontré sous la forme d'oligoholosides (saccharose, raffinose...) ou de polyholosides (inuline...). Le glucose et le fructose se trouvent le plus souvent associés l'un à l'autre, formant un disaccharide appelé saccharose.

Le saccharose est non réducteur. Il est formé d'une liaison D-glucose 1α - 2 β D-fructose (Figure 5), qu'ils libèrent par hydrolyse. Cette réaction est réalisable soit en milieu acide dilué, soit par une invertase. Elle est nommée inversion du saccharose, car le saccharose est dextrogyre et ses produits d'hydrolyse sont lévogyres (Alais et Linden, 1999).

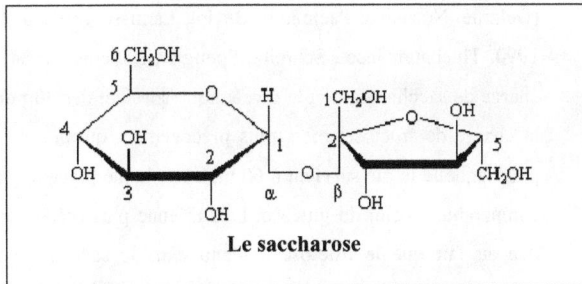

Le saccharose

Figure 5: Structure chimique du saccharose (Robyt, 1998)

c. Métabolisme des sucres simples:

Le saccharose est rapidement utilisé dans l'organisme. Son devenir après hydrolyse intestinale est celui des oses qui le constituent. Globalement, l'effet du saccharose sur les réponses glycémiques et insulinémiques est voisin de celui du glucose (Figure 6).

La biodisponibilité du fructose et du glucose est très différente alors que leur formule chimique est très voisine. La différence de biodisponibilité est expliquée par trois facteurs principaux :

i) Le fructose après ingestion est capté et métabolisé en quasi-totalité par le foie, alors que la majeure partie d'une charge orale de glucose échappe au foie pour être métabolisée dans les tissus périphériques,

ii) Le fructose est métabolisé dans le foie par une voie spécifique dont la première étape enzymatique est catalysée par la fructokinase dont la vélocité est très supérieure à celle de la glucokinase et de l'hexokinase,

iii) Le métabolisme du fructose est essentiellement indépendant de l'insuline alors que celui du glucose est fortement dépendant de l'insuline (Alais & Linden, 1999).

Les réponses glycémiques et insulinémiques après une charge orale de fructose sont très faibles en comparaison de celles obtenues après une charge équivalente de glucose (Figure 6).

La réponse glycémique à une charge de 30 g de saccharose est différente de celle observée pour une charge de 30 g de fructose et de 30 g de glucose

10

(Delarue, Normand, Pachiaudi, Beylot, Lamisse, & Riou, 1993; Tissot, et al., 1990; Thiebaud, Jacot, Schmitz, Spengler, & Felber, 1984). En effet, après la charge de saccharose, le pic glycémique survient dès 30 minutes, comme avec la charge de fructose, mais plus précocement qu'après la charge de glucose pour laquelle le pic survient à 60 minutes, le pic glycémique étant d'amplitude comparable à celui du glucose. La survenue plus précoce du pic pourrait être due au fait que le fructose contenu dans le saccharose se transforme très rapidement en glucose, celui-ci venant s'ajouter à la fraction glucose du saccharose. Il en résulterait une apparition du glucose exogène total plus rapide qu'avec le glucose seul même à quantité du glucose équivalent inférieure de moitié. Cette hypothèse, qui devrait être confirmée par l'utilisation de traceurs isotopiques, est confortée par l'observation d'un pic insulinémique non différent à 30 minutes entre le saccharose et le glucose alors que l'équivalent glucose est 50 % inférieur avec le saccharose qu'avec le glucose. En effet, le fructose n'étant pas insulinosécréteur, il est probable que le glucose formé à partir du fructose ait eu sur l'insulinosécrétion un effet additif à celui du glucose contenu dans le saccharose.

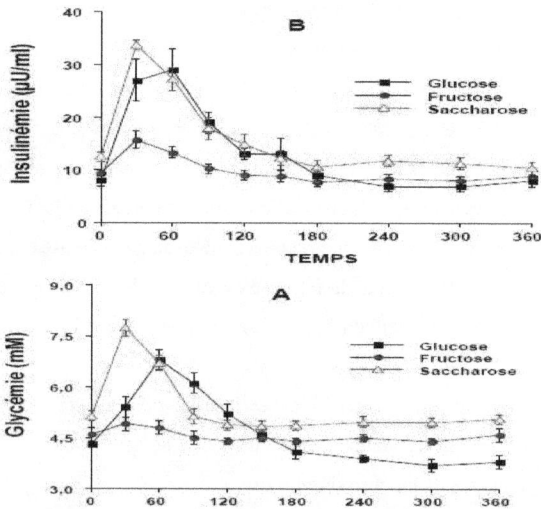

Figure 6: Réponse glycémique (A) et insulinémique (B) après 30 g de fructose, de glucose ou de saccharose (Ancellin et al., 2004).

d. Intérêts des sucres simples:

L'intérêt majeur des sucres est sans doute, l'énergie nécessaire pour le bon fonctionnement de l'organisme. Outre l'énergie, certains sucres présentent d'autres intérêts, le fructose est l'exemple le plus intéressant.

Le fructose possède un faible pouvoir hyperglycémiant (Shiota, et al., 2002 ; Ancellin et al., 2004). Cette propriété associée à son pouvoir édulcorant élevé a conduit à le proposer comme constituant de la ration glucidique des diabétiques. La consommation d'une faible quantité du fructose, 60 ou 30 mn avant un régime glucidique de haut indice glycémique (aliment riche en amidon), permet de réduire la glycémie par comparaison à un traitement simultané ou sans fructose (Heacock et al., 2002).

La consommation de fructose a notablement augmenté au cours des 20 dernières années, en particulier aux USA et au Japon, du fait de l'utilisation des *high fructose corn syrups* comme édulcorants des aliments d'origine industrielle, surtout les sodas (Park & Yetley, 1993).

Le fructose possède deux propriétés intéressantes en pratique : un pouvoir sucrant élevé (150 à 200 % supérieur à celui du saccharose) (Delarue et al., 1993) et une très grande solubilité par comparaison encore au saccharose. Il cristallise très difficilement et, dans un mélange, il entrave la cristallisation des autres glucides en donnant la consistance du miel. Ses propriétés ont fait son choix comme ingrédient dans les produits alimentaires pour améliorer la conservation des produits alimentaires tant sur le plan de la texture que sur le plan microbiologique (Alais & Linden, 1999).

1.3.2. Eau

La teneur en eau de la pulpe et de noyau des dattes varie en fonction de la variété et des stades de maturation. A la maturité, elle est de 7,8 à 40 % pour la pulpe et de 5,2 à 10,3 % pour le noyau (Tableau 1). Comme il a été mentionné plus haut, les dattes mûres sont classées en trois catégories selon l'indice "r" (rapport sucre/eau). La détermination de cet indice est primordiale pour le conditionnement des dattes et pour pouvoir assurer leur stabilité. En effet une datte trop humide fermentera. C'est pourquoi, il est nécessaire de laisser ressuyer les dattes molles fraîches pour abaisser le taux d'humidité afin d'en assurer la conservation (Munier, 1973).

1.3.3. Les fibres alimentaires

a. Définition des fibres alimentaires

Les fibres sont définies comme des constituants des végétaux qui échappent à la digestion de l'intestin grêle de l'homme sain. Il s'agit principalement des polysaccharides (à l'exception de la lignine) appartenant aux parois des cellules végétales et ayant une capacité plus ou moins grande à fixer l'eau et ainsi à augmenter le volume des selles. On distingue les fibres insolubles (cellulose, lignine, certaines hémicelluloses...) et les fibres solubles (certaines hémicelluloses, glucanes, pectines, gommes...) (Briet, et al., 1995).

b. Les différents types de fibres alimentaires

✓ **La cellulose :**

La cellulose est un polysaccharide linéaire formé d'unités glucose unies entre elles par des liaisons β (1 → 4). Elle forme des molécules de grande taille qui s'associent entre elles par des ponts hydrogènes pour former des microfibrilles. L'unité disaccharidique de base est le cellobiose (Figure 7).

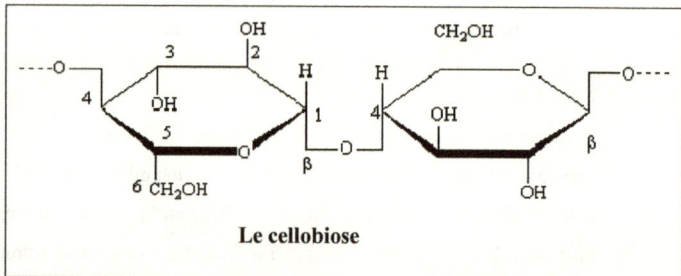

Le cellobiose

Figure 7: Unité de base de la cellulose : le cellobiose (Robyt, 1998)

13

La cellulose est responsable de la structure des parois cellulaires des végétaux. Elle n'est pas utilisée par l'homme, qui ne possède pas de cellulase.

La cellulose peut être modifiée chimiquement, conduisant ainsi à une série de produits industriels plus au moins solubles dont certains sont utilisés dans l'industrie alimentaire. Parmi les principaux dérivés utilisés dans l'industrie alimentaire, il convient de citer :

- La carboxylméthyl cellulose de sodium (CMC)
- L'hydroxylpropylcellulose (HPC)
- La méthyl-hydroxypropylcellulose (MHPC)
- La méthylcellulose (MC)

La carboxylméthyl cellulose de sodium (CMC) est bien soluble dans l'eau. Elle est employée comme agent de dispersion dans les jus de fruits et comme améliorateur de structure dans les crèmes glacées. Elle est aussi utilisée pour la conservation des farines, pour la lute contre la dyspepsie au lait, etc.

Les autres dérivés sont non ioniques et présentent par rapport à la CMC, une différence de solubilité dans l'eau chaude. Ainsi, la MC et la MHPC solubles dans l'eau froide, gélifient à une température de l'eau comprise entre 50 et 90°C suivant le degré de substitution de la chaîne cellulosique. L'HPC se comporte d'une façon similaire car elle précipite lorsque l'eau atteint 40-50°C. Ceci explique l'utilisation de ces dérivés dans les produits de boulangerie car ils permettent d'ajuster la consistance des pâtes, d'améliorer la rétention d'eau, de prolonger la durée de consommation de certains gâteaux en diminuant la vitesse de rancissement. Ils présentent aussi un intérêt dans d'autres applications, par leurs effets gélifiant à chaud (confection des beignets, produits panés, produits reconstitués) (Alais & Linden, 1999).

✓ *Les pectines :*

Ce sont des polygalacturonides plus au moins méthylés, en chaînes linéaires qui sont des constituants des parois cellulaires végétales. La structure est relativement simple, avec des liaisons α $(1 \rightarrow 4)$. Les pectines fortement méthylées (~70 %) forment des gels en milieu très sucré et acide. Les pectines faiblement méthylées (moins de 50 %) peuvent donner un gel en milieu peu sucré et peu acide, mais en présence du calcium ou d'un autre cation divalent.

14

On peut modifier les pectines par la déméthylation alcaline, avec NH_3, on obtient ainsi un polyamide. Ce dernier donnera des gels moins cassants et moins de risque de synérèse (Alais & Linden, 1999).

✓ *Les gommes :*

Il existe deux types de gommes : gommes d'arbres et gommes de graines. Il s'agit des hétéroglycannes de structure ramifiée contenant du D-galactose, L-arabinose et acide D-xylopyranose.

Les gommes d'arbres (Acacia) sont des sels neutres ou légèrement acides de polyosides avec une structure ramifiée très complexe, formée de cinq monoses en proportions variables. On peut distinguer une chaîne principale, simple et régulière, formée de résidus de galactose, et des ramifications qui commencent toutes par un galactose.

Les gommes de graines ne sont pas de vraies gommes; elles ne donnent pas de sels et sont d'une structure plus simple. La structure de gomme de la caroube est constituée d'une chaîne de polymannose β $(1 \rightarrow 4)$ avec en ramification un unique résidu de galactose, tout les 4 ou 5 résidus de mannose. La gomme Guar est très voisine de la précédente. Elle provient d'une plante Indienne et Pakistanaise (*Cyamopsis tetragonolobus*), mais qui est aujourd'hui cultivée au Texas. C'est la même structure que celle de la caroube, avec plus de ramifications, tous les uns ou deux chaînons et d'une manière régulière.

En général, les gommes sont associées à un autre type de fibres; l'hémicellulose formant ainsi des polysaccharides acides. Les hémicelluloses sont des chaînes constituées par des unités de D-xylopyranose reliées entre elles par des liaisons β $(1 \rightarrow 4)$ avec des branchements contenant les acides uroniques et parfois l'arabinose (Alais & Linden, 1999).

✓ *Les galactomannanes*

Les galactomannanes sont des polysaccharides neutres fréquemment rencontrés dans les graines de légumineuses (caroube…), constituées d'une chaîne centrale de β mannane avec en ramification des unités de D-galactopyranose par des liaisons α $(1 \rightarrow 4)$ (Robyt, 1998).

c. Teneur en fibres

Les dattes sont caractérisées par une teneur relativement élevée en fibres alimentaires par comparaison à d'autres fruits. Elles sont riches surtout en fibres alimentaires insolubles (Tableau 3) (Ramulu & Rao, 2003).

Parmi les fibres alimentaires rencontrées dans la pulpe et à moindre degré dans le noyau, on site les pectines qui représentent respectivement 2,3 et 0,2 % du poids sec total (Nezam El-Din & Bukhaev, 1984).

Le noyau contient d'avantage de fibres que la pulpe. Elles représentent 45 à 71 % de l'extrait sec total sous forme de cellulose, hémicellulose, lignine, amidon résistant (Hamada et al., 2002 ; Barreveld, 1993) et sous forme de galactomannanes (Ishrud et al., 2001).

Tableau 3: Les teneurs en fibres alimentaires en g /100 g de MF de quelques fruits

Fruits	CF[a]	F AT[b]	FAI[b]	FAS[b]
Dattes (fraîche)	3,7	7,7	6,9	0,8
Orange	0,3	1,1	0,6	0,5
Raisin	0,9	1,2	0,8	0,4
Banane	0,4	1,8	1,1	0,7
Pine Apple	0,5	2,8	2,3	0,5
Apple	1,0	3,2	2,3	0,9
Figue	2,2	5	2,6	2,4

CF : Crude fiber
FAT: Fibres Alimentaires Totales, FAI : Fibres Alimentaires Insolubles,
FAS : Fibres Alimentaires Solubles.
a : d'après "Nutritive Value of Indian Foods" (Gopalan, Ramasastri, & Balasubramanian, 1971),
b : d'après (Ramulu & Rao, 2003).

d. Intérêts des fibres

Les fibres alimentaires jouent un rôle très important sur la santé humaine. Elles contribuent à la prévention contre certaines maladies, telles que la constipation, le cancer colorectal, les maladies cardio-vasculaires et le diabète sucré (Briet, et al., 1995).

16

Les fibres insolubles, comme la cellulose et la lignine sont bénéfiques pour les fonctions coliques, tandis que les fibres solubles telles les gommes et les pectines, abaissent la cholestérolémie, retardent et atténuent l'élévation de la glycémie ((Lairon, 1996; Hamada, Hashim, & Sharif, 2002).

Loin de leurs rôles physiologiques, les fibres sont très utilisées dans l'industrie alimentaire. Elles apportent des propriétés nutritionnelles et techno-fonctionnelles intéressantes sur les denrées alimentaires sans affecter la qualité sensorielle. (Hamada, Hashim, & Sharif, 2002).

Les pectines par exemple sont utilisées comme agent gélifiant pour la préparation des gelées de fruits. Quant aux galactomannanes (polysaccharides hydrosolubles), à côté de leurs utilisations dans l'industrie alimentaire, sont employées dans les produits pharmaceutiques et aussi dans la fabrication de papier et de la teinture (Ishrud, Zahid, Ahmed, & Pan, 2001).

1.3.4. Les protéines

a. Teneur en protéines et en acides aminés

Malgré la faible teneur en protéines, les dattes sont plus riches en protéines que d'autres fruits. Les teneurs varient entre 1,7 et 6,0 % MS suivant les variétés (Tableau 1).

Ahmed et *al.* (1995b) ont montré que la majeure fraction protéique de la pulpe de datte est constituée par les albumines, solubles dans l'eau. L'étude électrophorétique de plusieurs variétés de dattes, a révélé deux principales fractions protéiques dont les poids moléculaires sont de 30000 Da et 72000 Da. Par contre, une seule bande protéique à 30000 Da a été identifiée pour une variété Californienne.

L'analyse de la composition en acides aminés a montré la présence de la plupart des acides aminés essentiels avec, cependant, une pauvreté en acides aminés sulfurés telles que la méthionine et la cystéine (Tableau 4).

Les composés aminés jouent un rôle essentiel dans les réactions de brunissement non enzymatiques (réaction de Maillard) intervenant lors de la conservation (Rinderknecht, 1959). Reynes et *al.* (1994) ont montré que les deux variétés les plus abondantes en Tunisie, Deglet-Nour et Alligh, présentent

17

respectivement 256,4 et 204,8 mg d'acides aminés libres par 100 g de matière sèche alors que, la variété Lemsi qui présente des teneurs élevées en acides aminés libres (Tableau 4) a une tendance rapide au brunissement non enzymatique lors du stockage.

Les noyaux présentent des teneurs plus élevées en protéines que les pulpes, les valeurs sont comprises entre 4,5 et 7,6 % de poids sec total (Tableau 1).

Hamada et *al.*, (2002), ont montré que 48 % des protéines totales du noyau sont solubles dans les solutions salines, l'éthanol, l'acide acétique et NaOH (1,1M). Ces protéines sont respectivement l'albumine, les globulines, les prolamines et le gluten. Les autres protéines (52%) n'étaient pas solubilisées dans ces conditions.

Ces protéines sont d'une valeur biologique relativement importante par référence aux protéines standards de l'œuf vu leur richesse en acides aminés essentiels tels que la leucine, l'isoleucine et la thréonine (Tableau 4).

Tableau 4: Teneurs en acides aminés libres des pulpes et des noyaux de dattes au stade « Tamar » en mg/ 100 g de MS (Bouabidi, Reynes, & Rouissi, 1996; Salim & Ahmed, 1992; Reynes, Bouabidi, Piompo, & Risterucci, 1994)

Acides aminés mg/100g de MS	Pulpe			Noyau (3)	
	Deglet Nour (1)	Alligh (1)	Lemsi (2)	Berhy	Berni
Lysine	6,8	4,8	1,7	57,2	71,4
Isoleucine	1,0	0,7	1,0	26,1	19,1
Leucine	1,3	1,0	1,9	52,2	39,2
Phénylalanine	4,0	1,8	6,7	25,9	23,9
Valine	3,4	2,3	8,9	23,5	30,4
Méthionine	1,6	1,4	7,5	3,7	4,7
Tyrosine	1,9	1,3	7,5	9,0	8,8
Alanine	21,9	23,9	14,6	345	32,0
Arginine	38,8	21,1	31,3	107,6	87,8
Thréonine	6,1	7,6	76,1	22,9	20,4
Glycine	11,7	10,2	14 ,9	29,4	27,9
Proline	-	-	-	44,6	26,3
Sérine	1,7	6,9	3,2	35,0	25,7
Histidine	-	-	-	14,9	12,1
Glutamate	2,4	0,6	14,3	139,4	110,0
Aspartate	6,3	5,1	7,4	76,9	59,8
Glutamine	24,5	30,5	133,4	-	-
Asparagine	36,0	4,0	79,2	-	-
Acide γ amino butyrique	87,1	81,7	103,2	-	-
Total	256,4	204,8	507,0	705,2	599,6

b. Intérêts des protéines

Les protéines sont des molécules biologiques de première importance. Elles sont la source d'acides aminés essentiels qui ne peuvent être synthétisés par l'organisme et de l'azote pour la synthèse des principaux composés azotés (Mayes, 1999). Leurs rôles sont multiples.

Les protéines alimentaires (protéines économiquement favorisées, digestibles et savoureuses) jouent un rôle primordial en technologie des aliments. Elles présentent plusieurs propriétés fonctionnelles :

- Propriétés organoleptiques
- Solubilité et caractères annexes : mouillabilité, dispersibilité.
- Rétention d'eau : adsorption, épaississement, gonflement.
- Coagulation, gélification, synérèse
- Moussage, foisonnement (propriété de surface).
- Émulsification, liaison des lipides, formation de films.
- Agrégation, fibrillation, extrusion, texturation.
- Compatibilité avec des additifs.
- Absence d'activités gênantes (toxique, allergique, antibiotique).
- Fixation d'acides aminés (Alais & Linden, 1999).

1.3.5. Les lipides

a. Teneur des dattes en lipides

Les pulpes des dattes présentent des teneurs relativement faibles en lipides, elles varient entre 0,1 et 1 % de MS. Au contraire, les noyaux en contiennent des proportions appréciables variant entre 7,0 et 12,7 % MS (Tableau 1).

L'analyse des acides gras des noyaux réalisée par Al-Shahib et Marshall (2003a) sur 14 variétés Saoudiennes a montré la présence aussi bien des acides gras saturés que insaturés avec une richesse en acide oléique, linoléique, laurique, myristique et palmitique. Les acides gras insaturés (AGI) représentent entre 46,0 et 71,0 % des acides gras totaux selon les variétés (Al-Shahib & Marshall, Fatty acid content of the seeds from 14 varieties of date palm Phoenix Dactylifera L, 2003a; Besbes, Blecker, Deroanne, Drira, & Attia, 2004). Le tableau 5 présente la composition en acides gras des huiles du noyau de deux variétés de dattes Tunisiennes d'après Besbes et *al.* (2004) et de trois autres Saoudiennes d'après Al-Shahib et Marshall (2003a).

Le pourcentage de l'acide oléique varie entre 40,0 et 52,2 % (Tableau 5), ce qui suggère que le noyau de dattes peut être une source d'acide oléique.

Tableau 5: Composition en acides gras des huiles du noyau de deux variétés de dattes Tunisiennes (Besbes, Blecker, Deroanne, Drira, & Attia, 2004) et de trois autres Saoudiennes exprimés en % des Acides Gras totaux (Al-Shahib & Marshall, 2003a)

Acide Gras (%)	Variétés				
	Besbes et *al.* (2004)		Al-Shahib et Marshall (2003a)		
	Deglet Nour	Allig	Rabeaah	Sofry	Tamriraq
Caprylique (C8:0)	-	-	0,0	0,3	0,0
Caprique (C10:0)	0,8	0,07	0,0	0,5	0,0
Laurique (C12:0)	17,8	5,81	24,1	14,0	13,1
Myristique (C14:0)	9,84	3,12	14,4	12,0	11,0
Myristoleique (C14:1)	0,09	0,04	-	-	-
Palmitique (C16:0)	10,9	15,0	10,6	12,3	11,8
Palmitoléique (C16:1)	0,11	1,52	-	-	-
Stéarique (C18:0)	5,67	3,00	2,7	4,3	2,8
Oléique (C18:1)	41,3	47,7	40,0	44,9	52,2
Linoléique (C18:2)	12,2	21,0	5,9	9,5	7,1
Linolénique(C18:3)	1,68	0,81	-	-	-
Arachidique (C20:0)	-	-	0,1	0,5	0,4
Eicosanoique (C20:1)	-	-	0,1	0,3	0,5
Béhénique (C22:0)	-	-	0,0	0,3	0,2
AGS	44,3	27,0	51,9	44,2	39,3
AGMI	41,45	49,2	40,1	45,2	52,7
AGPI	14,06	21,81	5,9	9,5	7,1

AGS : Acides Gras Saturés ; AGMIAGMI : Acides Gras Mono insaturés ;
AGPI : Acides Gras Poly Insaturés.

L'huile des noyaux de dattes possède une stabilité oxydative importante. Elle est supérieure à celle des autres huiles d'origine végétales, et comparable à celle de l'huile d'olive. Cette stabilité oxydative est due à la richesse de ces noyaux en antioxydants tel que les composés phénoliques et α tocophérol (Vit E) et à la faible teneur en acides gras poly insaturés (AGPI) (Aparicio, Roda, Albi, & Gutiérrez, 1999; Besbes, Blecker, Deroanne, Drira, & Attia, 2004). L'huile de noyaux de dattes peut être utilisée dans le domaine pharmaceutique, cosmétique, dans les industries de savon et de détergents et de même dans les industries agroalimentaires (Devshony, Eteshola, & Shani, 1992).

b. Les glycérolipides

Les glycérolipides représentent 98-99 % de l'huile. Ils renferment les glycérolipides neutres et les glycérolipides polaires.

- **Les glycérolipides neutres :**

Cette classe renferme les lipides de réserve ou triglycérides, les monoglycérides et diglycérides, utilisés comme additifs alimentaires et les acides gras.

Trois acides gras polyinsaturés sont indispensables dans la ration alimentaire : l'acide linoléique (C18:2$\Delta^{9,\ 12}$, ω-6), l'acide α linolénique (C18:3$\Delta^{9,\ 12,\ 15}$, ω-3) et l'acide arachidonique (C20:4, ω-6). Une fonction importante des acides gras essentiels est de servir de précurseurs des leucotriénes, des lipoxines, des prostaglandines, et des trhomboxanes qui agissent comme « hormones locales ». Ces acides se trouvent dans les lipides alimentaires végétaux et animaux.

Les huiles végétales représentent une source importante d'acides gras (Tableau 6). Plusieurs d'entre elles sont riches en acides gras polyinsaturés, surtout en acide linoléique (huile de Soja), d'autres huiles sont plutôt riches en acides gras monoinsaturés, particulièrement en acide oléique (l'huile d'olive et d'arachide) (Alais & Linden, 1999). Les huiles de noix de coco et de palme renferment essentiellement des acides gras saturés (Devshony, Eteshola, & Shani, 1992).

Actuellement, les margarines représentent les majeurs produits alimentaires fabriqués à partir des huiles végétales (soja, colza). Elles sont obtenues suite à

22

une hydrogénation des acides gras polyinsaturés afin de stabiliser l'oxydation (Alais & Linden, 1999). La permutation de ces acides gras par l'acide laurique a montré un profil lipidique favorable pour diminuer le taux d'atteinte par les maladies cardiovasculaires (De Roos, Schouten, & Katan, 2001). Il est intéressant aussi de noter que les acides gras mono et polyinsaturés interviennent dans la prévention contre ces maladies. Ils augmentent le taux du HDL cholestérol (bon cholestérol) et diminuent celui des LDL Cholestérol (mauvais cholestérol) (Coulston, 1999).

Tableau 6: Composition en Acides Gras des principales huiles végétales exprimés en % des acides gras totaux

(1) : (Alais & Linden, 1999); (2) : (Devshony, Eteshola, & Shani, 1992)

Acides Gras	Olive (1)	Arachide (1)	Soja (1)	Palme (2)	Noix de coco (2)
Caprylique (C8:0)	-	-	-	-	8,0
Caprique (C10:0)	-	-	-	-	7,0
Laurique (C12:0)	-	-	-	0,2	48,2
Myristique (C14:0)	1	-	-	1,1	18,0
Palmitique (C16:0)	10	8	9	44,0	8,5
Stéarique (C18:0)	2	4	3	4,5	2,3
Divers	1	6	-	-	-
(Total saturés)	(14)	(18)	(12)	(49,8)	(89,72)
Palmitoléique (C16:1)	-	-	0,5	-	-
Oléique (C18:1)	75	57	33	39,2	5,7
Linoléique (C18:2)	8	25	48	10,1	2,1
Linolénique (C18:3)	-	-	6,5	-	-
Divers	3	-	-	-	-
(Total insaturés)	(86)	(82)	(88)	(49,3)	(7,8)

- **Les glycérolipides polaires :**

Cette classe est représentée par les glycolipides et les phospholipides. Les phospholipides sont amphiphiles c'est-à-dire qu'ils possèdent une partie hydrophile soluble dans l'eau et une autre hydrophobe qui ne l'est pas. Ils sont utilisés en industries alimentaires comme agents émulsifiants pour stabiliser un système naturellement instable : huile/eau. Les utilisations sont très variés : boulangerie, chocolaterie, margarinerie, etc (Alais & Linden, 1999).

✓ *Composés mineurs*

Les composés mineurs forment la fraction insaponifiable qui constitue 1 à 2 % de l'huile. Ils englobent plusieurs familles chimiques : les composés phénoliques, les tocophérols, les caroténoïdes, les squalènes, etc (Alais & Linden, 1999).

La caractéristique principale de ces composés est le pouvoir antioxydant. Ils agissent en synergie pour prévenir les dommages provoqués par les radicaux libres aux lipides insaturés et améliorent la stabilité de l'huile. Les caroténoïdes sont des inhibiteurs très efficaces de la photo oxydation des huiles induite par les pigments chlorophylliens (Besbes, Blecker, Deroanne, Drira, & Attia, 2004).

Les antioxydants sont présents dans les fruits en quantités appréciables. Ils peuvent remplacer les antioxydants synthétisés dans la fabrication des produits cosmétiques et pharmaceutiques (Moure, et al., 2001).

1.3.6. Les éléments minéraux

a. La teneur des dattes en éléments minéraux

Les teneurs en cendres dans la pulpe et le noyau sont respectivement de 1,5 à 3,0 % et de 0,8 à 1,4 % (Tableau 1). Le tableau 7 résume les teneurs minimales et maximales en différents éléments minéraux présents dans la pulpe et dans le noyau des dattes à la maturation. Les dattes (chair et noyau) présentent des teneurs relativement importantes en potassium, en calcium, en magnésium et en phosphore et des teneurs relativement faibles en sodium, en cuivre, en zinc et en manganèse. Le fer est présent en une quantité appréciable dans les noyaux (Tableau 7).

Les dattes constituent une source importante d'éléments minéraux, intéressants pour l'être humain. En effet les différentes variétés présentent une teneur élevée en potassium par contre une faible teneur en sodium. Ce faible rapport sodium : potassium rend la datte très désirables pour les sujets atteints d'hypertension (Al-Hooti, Jiuan, & Quabazard, 1995). La forte teneur en magnésium (±600 mg/1Kg de dattes) est très bénéfique, il joue un rôle préventif contre les cancers. Les consommateurs des dattes dans les régions phoenicicoles sont reconnus par un très faible pourcentage d'atteinte par les maladies cancéreuses (Zaid & De-Wet, 1999).

Le sélénium est un autre oligoélément retrouvé dans les dattes. Sa teneur varie de 0,1 à 0,3 mg pour 100g de MS (Al-Shahib & Marshall, 2003b).

Tableau 7: Teneurs minimales et maximales en éléments minéraux de la pulpe et du noyau des dattes au stade « Tamar » et leurs variation suivant les variétés.

Eléments minéraux	Pulpe			Noyau		
	Min – Max (1)	Variétés (2)		Min – Max (1)	Variétés (3)	
		Farmla	Ghars		Adwi	Tasfert
Calcium [a]	21– 101	87	101	29 – 50	50	42
Magnésium [a]	30 – 82	61	43	51,7 – 58,4	-	-
Phosphore [a]	35 – 61	57	36	91 – 128	91	116
Potassium [a]	107,4 – 878	878	635	23 – 297	221	297
Sodium [b], [c]	1,21 – 49,5	18,7	30	6,9 – 10,4	6,9	8,5
Fer [b]	2,4 – 10,6	10,4	7,4	24,4 – 35,2	24,4	35,1
Cuivre [b]	0,9 – 4,1	2,1	0,9	7,41 – 8,54	8,51	8,54
Zinc [b]	1,0 – 4,6	3,4	1,0	24,4 – 32,8	32,8	30,7
Manganèse [b]	0 – 10	8,5	10,0	9,7 – 19,4	18,0	14,0

(a): en mg pour 100 g de MS ; (b): en ppm (partie par million) ; (c): en mg pour 100 g de MS pour le noyau.

(1): Toutain, 1967; El-Shurafa et al., 1982; Sawaya et al., 1983a; Sawaya et al., 1983b; Al- Showiman, 1990; Estanove, 1990; Djerbi, 1994; Reynes et al.,1994; Al-Hooti et al., 1995 ; Ben Salah et Hellali, 1995; Bouabidi et al., 1996; Hamada et al., 2002; Besbes et al., 2004

(2): Reynes et al., 1994.

(3): El-Shurafa et al., 1982.

b. Intérêts des éléments minéraux

Les éléments minéraux sont divisés en deux groupes : (1) les sels minéraux, nécessaires en quantités supérieurs à 100 mg/j, et (2) les oligoéléments nécessaires en quantités inférieurs à 100 mg/j (Mayes, 1999).

Les éléments minéraux sont nécessaires aux fonctions physiologiques et biochimiques. Le calcium, le phosphore et le magnésium, par exemple, sont les constituants des os et des dents et sont aussi des régulateurs des fonctions nerveuses et musculaires, des intermédiaires métaboliques phosphorylants et des cofacteurs enzymatiques. Quant au fer, il entre dans la constitution de l'hémoglobine, de la myoglobine et de nombreux systèmes enzymatiques.

D'autres oligoéléments sont des constituants principaux des métallos enzymes tels que le cuivre, à l'encontre du sélénium, il entre dans la constitution de la glutathion peroxydase, enzyme qui protège la membrane cellulaire contre les altérations dues à l'oxydation (Alais & Linden, 1999).

1.3.7. Autres composés chimiques

D'autres composés chimiques ont été détectés dans les dattes. Il s'agit de vitamines, d'enzymes, de composés phénoliques, des stérols, etc.

La pulpe des dattes présente certaines vitamines tel que vitamine C (acide ascorbique), B1 thiamine, B2 riboflavine, acide nicotinique (niacine) et vitamine A (Al-Shahib & Marshall, 2003b).

Il a été rapporté que l'invertase est la principale enzyme présente dans les dattes. Elle existe pratiquement dans toutes les variétés. Cette enzyme est responsable de l'inversion du saccharose en glucose et fructose (Reynes, Bouabidi, Piompo, & Risterucci, 1994).

Les études réalisées par Vayalil, (2002) ont montré que les dattes présentes des propriétés antioxydantes. En effet, à des concentrations de 1,5 et 4,0 mg /ml, l'extrait des dattes inhibe respectivement la totalité du radical super

26

oxyde et du radical hydroxyle. Ce même extrait est capable d'inhiber d'une façon significative la peroxydation des lipides d'une part et l'oxydation des protéines d'une autre part. Une autre propriété intéressante, c'est que cet extrait est antimutagène; il a inhibé la mutation provoquée par le benzo-a-pyrène (Vayalil, 2002).

2. Procédés de production de fructose

2.1. Diffusion des sucres dans la matière végétale

Le principe d'extraction des sucres à partir de la matière végétale est basé sur la diffusion massique de ces sucres dans l'eau. Tel qu'il reporte Datta (2007), dans les systèmes alimentaires, le procédé d'extraction peut être considéré comme étant un transport de chaleur et de masse à travers une matrice poreuse. Plusieurs paramètres sont impliqués dans la procédure d'extraction, ce qui le rend un procédé complexe. Parmi ces paramètres on cite : la nature de la molécule diffusante, la texture de la matière végétale, la présence des interactions chimiques lors de la diffusion, la température de diffusion.

2.1.1. Effet de la molécule sur la diffusion

La diffusion moléculaire en solution aqueuse est liée aux mouvements browniens des molécules d'eau à l'échelle microscopique qui tendent à homogénéiser la répartition de toutes les espèces dissoutes en solution (Bird, Stewart, & Lightfoot, 1960).

Provoquée par un gradient de concentration, la diffusion moléculaire obéit à la première loi de Fick dans le cas d'un transport unidirectionnel et à volume constant. Elle établit que le flux de matière diffusant à travers une surface unité est proportionnel au gradient de concentration.

Dans ce cas, il vient :

$$J = -D \frac{\partial c}{\partial x} \tag{1}$$

J : flux de matière diffusante (mol. $m^{-2}.s^{-1}$)

D : coefficient de diffusion moléculaire de l'espèce diffusante ($m^2.s^{-1}$)

C : concentration de l'espèce diffusante (mol. m^{-3})

x : distance de diffusion (m)

2.1.2. Effet de la texture sur la diffusion

La diffusion dans un milieu poreux et hétérogène est également régie par la première loi de Fick. Cependant, du fait que des interactions entre les espèces diffusantes et les surfaces solides du milieu existent et que la diffusion soit influencée par la géométrie des espaces poreux, on est amené à remplacer le coefficient de diffusion (D) par le coefficient de diffusion effectif (D_e) qui permet de prendre en compte l'hétérogénéité de la géométrie des espaces poreux interconnectés et le fait que l'eau n'occupe qu' une fraction du volume total de la matrice végétale (Van Brakel & Heertjes, 1974).

$$J = -D_e \frac{\partial C}{\partial x} \tag{2}$$

$$D_e = D\varepsilon_a \frac{\delta}{\tau^2} \tag{3}$$

Avec τ ($\tau \geq 1$) le coefficient de tortuosité, δ ($\delta \leq 1$) le coefficient de constructiviste et ε_a la porosité connectée. La tortuosité correspond à la mesure du chemin moyen de diffusion lorsque la trajectoire de l'espèce diffusante n'est pas rectiligne. Le constructiviste quant à elle tient compte de la variation de section de pore. La diffusion en milieu poreux est contingentée par la présence d'un chemin continu pour que l'espèce diffusante puisse se déplacer. Ce chemin, en milieu sature, correspond a l'espace poreux connecté rempli d'eau. La porosité connectée accessible a la diffusion (ε_a) ne représente donc qu'une partie de la porosité totale (ε_{tot}):

$$\varepsilon_{tot} = \varepsilon_a + \varepsilon_{oc} \tag{4}$$

Avec (ε_{oc}) la porosité dite occluse

Afin de décrire l'évolution de la concentration d'une espèce dans le temps et dans l'espace, on utilise la deuxième loi de Fick. Si l'on considère un volume élémentaire du milieu poreux (de longueur dx, de surface S et de porosité ε_a), que l'on note C (x, t) la concentration en soluté à l'abscisse x et au temps t, et que l'on suppose le coefficient de diffusion effectif constant, un bilan différentiel sur ce volume entre les temps t et $t + dt$ nous permet d' obtenir l' équation suivante :

$$\frac{\partial C}{\partial t} = \frac{D_e}{\varepsilon_a}\frac{\partial^2 C}{\partial x^2}$$

(5)

Et on définit le coefficient de diffusion de pore (D_p) tel que :

$$D_p = \frac{D_e}{\varepsilon_a}$$

(6)

2.1.3. Effet de la température

Dans le cas d'un fluide multi-constituant, la présence d'un gradient de température induit un gradient de concentration au sein du mélange. On observe alors, dans le cas d'un mélange de deux constituants, une accumulation de l'un des deux constituants près de la paroi froide et de l'autre près de la paroi chaude. La thermodiffusion a lieu non seulement en phase liquide, mais aussi en phase gazeuse et solide. Ce phénomène est aussi appelé : effet Soret. Cet effet décrit le couplage entre le gradient thermique et le flux massique au sein d'un fluide composé de plusieurs espèces chimiques. Dans un mélange monophasique binaire avec des champs de concentration et de température non uniformes, le flux massique total des sucres diffus à travers la paroi cellulaire ($\vec{n_s}$), comporte les deux contributions provenant du gradient de concentration et du gradient de la température, lorsque l'on néglige l'effet du gradient de pression :

$$\vec{n_s} = -\rho_s D_{s,m}\nabla M - D_{T,s}\frac{\nabla T}{T}$$

(7)

Avec M la fraction molaire du mélange (sucre-eau), $D_{s,m}$ et $D_{T,s}$ correspondent respectivement au coefficient de diffusion massique et au coefficient de diffusion thermique du sucre dans un mélange.

2.1.4. Diffusion couplée à des interactions chimiques

Si l'on considère qu'il existe des interactions entre une espèce diffusante et le milieu poreux, il est nécessaire d'introduire un nouveau terme prenant en compte la fixation du soluté à la surface du solide. Cette capacité d'accumulation de la matrice est représentée par le facteur capacité (α) défini par :

$$\alpha = R\varepsilon_a$$

(8)

Avec R le coefficient de retard défini par :

$$R = 1 + \frac{\rho}{\varepsilon_a} K_D \qquad (9)$$

Le facteur de capacité de la matière végétale peut être intégré dans la deuxième loi de Fick :

$$\frac{\partial c}{\partial t} = \frac{D_e}{\alpha} \frac{\partial^2 c}{\partial x^2} \qquad (10)$$

Si l' on définit le coefficient de diffusion apparent (D_a) par :

$$D_a = \frac{D_e}{\alpha} \qquad (11)$$

Il vient alors :

$$\frac{\partial c}{\partial t} = D_a \frac{\partial^2 c}{\partial x^2} \qquad (12)$$

2.2. Production de fructose par bioconversion

2.2.1. Enzyme de bioconversion : Glucose-isomérase (GI)

La D-Glucose/xylose isomérase, communément appelée la glucose-isomérase (GI), est l'une des trois enzymes de valeur de tonnage le plus produits à côté de l'amylase et la protéase. La GI peut être considérée comme étant la plus importante de toutes les enzymes industrielles. Elle catalyse l'isomérisation réversible du D-glucose et D-xylose en D-fructose et le D-xylulose, respectivement. L'isomérisation du glucose en fructose a une importance commerciale dans la production du sirop de maïs à haute teneur en fructose (HFCS) qui est utilisé couramment dans l'industrie agroalimentaire (Srivastava, Shukla, Choubey, & Gomase, 2010).

Le HFCS est un édulcorant qui a occupé ces dernières années une part importante dans le marché des agents sucrants et notamment dans les pays importeurs du saccharose. Cette importance offre à la glucose-isomérase une place privilégiée en industrie alimentaire.

2.2.2. Caractéristiques des glucose-isomérases

a. Spécificité de l'enzyme :

✓ *Spécificité anomérique :*

La glucose-isomérase catalyse l'isomérisation réversible du glucose en fructose. Elle est spécifique de la forme α-D-glucopyranose et le produit obtenu est le β-D-fructofuranose. Cependant, le substrat originel de l'enzyme est le D-xylose qui est transformé réversiblement en D-xylulose.

✓ *Spécificité du substrat :*

Il a été démontré que plusieurs monosaccharides, outre que le D-glucose et le D-xylose peuvent être utilisés en tant que substrats potentiels de l'enzyme tels que, le D-ribose, le L-arabinose et leur cétoses respectifs, ainsi que le L-rhamnose.

Les constantes d'affinités (Km) ont été déterminées pour le glucose, le xylose et le ribose. Elles varient selon la souche productrice de l'enzyme et sont de 0,086 à 0,92 ; 0,005 à 0,093 et 0,35 à 0,67M respectivement (Danno, 1970; Suekane, Tamura, & Tomomura, 1978; Chen, 1980).

b. *Propriétés physico-chimiques de glucose-isomérases :*

✓ *Températures optimales*

La plupart des glucoses isomérases décrites présentent des températures optimales comprises entre 50 et 80°C. Cependant, dans le but de produire des sirops contenant un taux de fructose supérieur à 42%, des enzymes fonctionnant à des températures plus élevées ont été recherchées. Citons à titre d'exemple, la glucose-isomérase produite par *Thermus caldophilus* (Chang, Song, Park, Lee, & Suh, 1999), celles de *Thermus thermophilus* (Dekker, Sugiura, Yamagata, Sakaguchi, & Udaka, 1992) et de *Thermotga maritima* (Brown, Brown, Sjoholm, & Kelly, 1993)dont les températures optimales sont de 90 à 95°C et de 105 à 110°C respectivement.

Les rendements élevés de l'isomérisation peuvent être obtenus par l'augmentation de la température de la réaction. Ce paramètre exige une augmentation de 3% de fructose dans la concentration d'équilibre.

Si les températures élevées augmentent, en même temps, le taux et la vitesse de l'isomérisation, elles peuvent réduire la stabilité de l'enzyme à cause de la dénaturation thermique.

✓ *pH optimum*

Pour la plupart des isomérases, le pH optimum est compris entre 7 et 9 (Snehalata, Bhosale, & Vasanti, 1996) et l'activité de l'enzyme diminue rapidement avec les valeurs de pH faibles (Chen, Anderson, & Han, 1979). Ceci a pour conséquence de limiter l'utilisation de ces enzymes ou d'abaisser la température d'isomérisation ce qui réduit l'efficacité et la rentabilité de la réaction. En effet, pour l'équilibre de la réaction soit en faveur du fructose, il faudrait travailler à haute température, tout en gardant un pH bas. Quand il s'agit de produire du fructose à partir de l'amidon, il serait plus intéressant d'opérer à pH acide, puisque l'étape de saccharification, réalisée en présence de glucoamylase, est effectuée à pH 4,5. Dans ce sens, il est à rapporter que la glucose-isomérase de *Strptomyces olivaceoviridis* E-86, est parfaitement stable à un pH nettement acide, puisqu'elle reste complètement active à pH 5 après incubation à 60°C pendant 30 heures. Cependant, la température optimale relativement basse de cette enzyme ne permet pas l'obtention des teneurs élevées en fructose.

La glucose-isomérase à activité optimale doit posséder un pH optimum faible, une température optimale élevée, une résistance à l'inhibition par le Ca^{2+} et une plus grande affinité pour le glucose mieux que les autres enzymes présentes (Snehalata, Bhosale, & Vasanti, 1996).

✓ *Exigences en ions métalliques*

La glucose-isomérase est la plus convenable pour les applications commerciales vu qu'elle est thermostable et ne nécessite pas de cofacteurs coûteux, tel que le NAD^+ et l'ATP, pour son activité (Snehalata, Bhosale, & Vasanti, 1996).

Les glucoses isomérases sont des enzymes métal-dépendantes, et la présence de cations divalents tel que Mg^{2+}, Mn^{2+}, Co^{2+}, ou une combinaison de trois ions est nécessaire au fonctionnement de l'enzyme. Le métal est défini comme ayant plutôt un rôle structural que catalytique. Il servirait donc pour la mise en conformation de l'enzyme et le site actif serait ainsi prêt à fixer le substrat. Les études cinétiques de l'isomérisation en fonction de la présence du métal donne néanmoins des résultats différents selon l'origine de l'enzyme. En effet, la glucose-isomérase de *Streptomyces flavogriseus* (Chen W. P., 1980) et celle de *Streptomyces griseofuscus* sont environ deux fois plus actives sur le glucose lorsqu'elles sont en présence de Mg^{2+} (Kasumi, Hayashi, & Tsumura, 1982).

✓ *Stabilité du la glucose-isomérase*

Les glucoses-isomérases sont généralement actives à des températures comprises entre 65 et 75°C. En présence de métal, la thermo-stabilité est renforcée (Van Bastelaere, Vangrysperre, & Kersters-Hilderson, 1991).

D'une façon générale, quelque soit l'enzyme, le cobalt agit comme élément plus protecteur, contre l'inactivation thermique, que les autres métaux. A titre d'exemple, la glucose-isomérase de *Streptomyces griseofuscus* présente encore 70% d'activité résiduelle après 30 min de traitement à 90°C en présence de cobalt, alors qu'en absence de cet ion, l'activité mesurée est de 50% (Kasumi, Hayashi, & Tsumura, 1982).

2.2.3. Bioréacteur

a. Définition

Le bioréacteur, appelé également fermenteur ou propagateur, est un appareil dans lequel on multiplie des micro-organismes pour la production de biomasse, ou pour la production d'un métabolite ou encore la bioconversion d'une molécule d'intérêt.

Les systèmes de fermentation obéissent aux mêmes systèmes fondamentaux et rapports de bilan de masse et d'énergie tels que les systèmes de réaction chimique. Les difficultés essentielles surgissent dans la modélisation du réacteur biologique, à cause des aux incertitudes dans l'expression cinétique du taux de conversion et la stœchiométrie de réaction. S_0, X_0, F_0

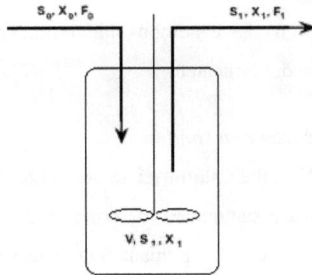

Figure 8: Paramètres du Bioréacteur

Dans le cas général, l'alimentation entre dans le réacteur à un débit volumétrique F_0, avec la concentration en cellules, X_0, et la concentration en substrat S_0. Le contenu du bioréacteur bien mélangé est défini par le volume V. La concentration en substrat est S_1 et la concentration en cellules est X_1. Ces concentrations sont identiques à celles de la sortie, ce qui correspond à un débit volumétrique F_1.

b. Type d'alimentation de bioréacteur

✓ Bioréacteur en batch

La cuve est remplie par le milieu de culture stérilisé, puis l'inoculum est introduit. La fermentation se déroule sans addition supplémentaire de milieu. Le volume reste constant et comme le substrat s'épuise au fur et à mesure, le taux de croissance se ralentira et tend vers zéro quand le substrat est complètement épuisé. La productivité de ce type de bioréacteur est relativement faible.

Les bilans partiels ci-dessous décrivent le cas particulier d'une fermentation batch dans le cas où V est constant et F = 0. Ainsi,

$$\frac{\partial V}{\partial t} = 0 \tag{13}$$

$$V \frac{\partial S_1}{\partial t} = r_s V \tag{14}$$

$$V \frac{\partial X_1}{\partial t} = r_X V \tag{15}$$

34

Les expressions appropriées du taux du substrat et de biomasse (r_s et r_X) et les spécifications des conditions initiales aident au développement du modèle de production du fermenteur.

✓ Bioréacteur en continu

L'ajout du milieu stérile et le soutirage commencent quand les cellules entrent en phase stationnaire de croissance. La suspension est homogène en tout point de la cuve. L'alimentation et le soutirage se font au même débit lorsqu'une certaine concentration cellulaire est atteinte dans la cuve:

$$F_0 - F_1 = 0 \tag{16}$$

Le volume est constant d'où:

$$\frac{\partial V}{\partial t} = 0 \tag{17}$$

$$\frac{\partial V S_1}{\partial t} = 0 \tag{18}$$

$$\frac{\partial V X_1}{\partial t} = 0 \tag{19}$$

Les bilans partiels des autres composants dynamiques sont defins comme suit:

$$V \frac{\partial S_1}{\partial t} = F(S_0 - S_1) + r_s V \tag{20}$$

$$V \frac{\partial X_1}{\partial t} = F(X_0 - X_1) + r_X V \tag{21}$$

✓ Bioréacteur discontinu (fed batch)

Pour un fermenteur fed batch, le flux de sortie est nul et le flux d'admission, F_0, peut être variable. Dans ce cas le volume du bioréacteur change et varie en fonction du temps.

$$\frac{\partial V}{\partial t} = F_0 \tag{22}$$

$$\frac{\partial V S_1}{\partial t} = F_0 S_0 + r_s V \tag{23}$$

$$\frac{\partial V X_1}{\partial t} = r_X V \tag{24}$$

En développant les termes différentiels, qui sont des produits des deux variables V et S_1 et V et X_1, respectivement, et en remplaçant $\partial V / \partial t = F_0$:

$$V \frac{\partial S_1}{\partial t} = F_0(S_0 - S_1) + r_s V \tag{25}$$

$$V \frac{\partial X_1}{\partial t} = -F_0 X_1 + r_X V \qquad (26)$$

2.3. Production de fructose par séparation chromatographique (le lit mobile simulé)

2.3.1. La chromatographie d'adsorption

La chromatographie est une méthode de séparation basée sur les différences d'affinité des substances à séparer à l'égard d'une phase stationnaire ou fixe et d'une autre qui est mobile. Grâce au botaniste russe Tswett, la chromatographie a été réalisée pour la première fois en 1903 (Savidan, 1963). Elle visait la séparation d'extraits végétaux par percolation sur une colonne d'adsorbant. La chromatographie a été considérée comme un procédé de fractionnement comparable à la distillation mais beaucoup plus pratique, spécialement conçu pour séparer des composants sensibles à la chaleur. Les applications de la chromatographie ont été étendues à tous les domaines de la chimie organique, puis à la chimie minérale. Récemment, avec la découverte de la technologie du lit mobile simulé, la chromatographie connaît une expansion continue.

a. Phénomènes principaux de la chromatographie d'adsorption

Dans ce type de chromatographie, la séparation est réalisée entre deux phases : une phase liquide mobile et une phase solide fixe composée généralement des billes ou des particules sphériques. La phase solide peut être aussi mobile que la phase liquide mais en sens inverse (le cas de la séparation à contre-courant). La séparation par chromatographie d'adsorption est effectuée par l'intermédiaire de deux phénomènes : l'adsorption et la désorption qui se produisent continuellement aboutissant à une séparation graduelle des produits, ces deux phénomènes sont définis comme suit :

✓ *L'adsorption :*

36

C'est l'action d'accumulation superficielle des molécules d'un composant sur une surface solide (adsorbant). Cette accumulation est provisoire dans le sens où les molécules ne pénètrent pas dans la phase solide mais elles restent attachées à la surface adsorbante.

✓ *La désorption :*

C'est le processus d'extraction des molécules déjà adsorbées. Cette extraction est réalisée par l'intermédiaire d'un produit dit solvant ou désorbant D.

✓ *L'isotherme d'adsorption*

L'équilibre entre les concentrations dans la phase liquide (le désorbant) et les concentrations dans la phase solide (l'adsorbant) est représenté par une équation appelée isotherme d'adsorption. Selon les composants à séparer, cet équilibre peut être linéaire ou non linéaire, ce qui détermine le type de la linéarité du modèle du procédé chromatographique (modèle linéaire ou non linéaire). Les deux types d'isotherme sont présentés (LeVan & Vermeulen, 1981) :

Isotherme linéaire :

Une isotherme est considérée linéaire quand la concentration d'un composant dans la phase solide est une fonction linéaire de sa concentration dans la phase liquide. Pour un mélange multiconstituant l'isotherme prend la forme suivante :

$$q_i = Fi(C_A, C_B, C_C, \dots) = k_i C_i \, ; \quad i \in \{A, B, C, ..\} \qquad (27)$$

Où :

- q_i : La concentration du composant i dans la phase solide à l'équilibre.
- C_i : La concentration du composant i dans la phase liquide à l'équilibre.
- $Fi(C_A, C_B, C_C, \dots)$: L'isotherme.
- $A, B, C, \dots$: Les composants existant dans le mélange.

37

- k_i : La constante de distribution entre les deux phases (le coefficient de l'isotherme) pour le composant i.

Isotherme non linéaire :

Dans la plupart des cas, la loi de distribution des composants entre les deux phases n'est pas une fonction simple, les isothermes d'adsorption sont généralement non linéaires et peuvent être représentés par l'isotherme multi-composants de Langmuir (Gordon & Bushra, 1989):

$$q_i = Fi(C_A, C_B, C_C, \ldots) = \frac{q_{mi} k_i C_i}{1 + \sum_{j=1}^{N}(k_j C_j)}; (i,j) \in \{A, B, C, ..\} \quad (28)$$

Où :

q_{mi} : La capacité maximale d'adsorption du composant i par la phase solide.

j : L'indice d'un composant.

N : Le nombre total des composants existant dans le mélange.

Ou rarement représentés par celui de Freundlich :

$$q_i = Fi(C_A, C_B, C_C, \ldots) = k_i C_i^{1/n}; \ i \in \{A, B, C, ..\} \quad (29)$$

Où :

$1/n$: Paramètre de Freundlich qui indique l'intensité d'adsorption.

L'isotherme de Langmuir est dit compétitive dans le sens où tous les composants existant dans la phase liquide participent à la définition du niveau d'équilibre de chacun d'entre eux. Ceci crée une compétition entre les deux composants envers la phase solide; et créé également un couplage entre les concentrations des composants à séparer, ce couplage est une source importante de difficulté en vue d'une commande d'un procédé chromatographique.

L'influence du mélange de composants sur le niveau d'équilibre est représentée dans l'équation de Langmuir (équation 28) par le terme :

$$\sum_{j=1}^{N}(k_j C_j); (i,j) \in \{A, B, C, ..\} \quad (30)$$

Ce terme (équation 30) représente également la déviation par rapport à la linéarité. Par conséquent, un équilibre peut être considéré comme linéaire dans le cas où les concentrations sont très faibles (Cj $\simeq$ 0). Pour certaines séparations comme celle du sucre par exemple, un isotherme linéaire est bien admis (Ruthven & Ching, 1989)

Un isotherme est caractérisé par deux paramètres k et qm pour chaque composant. Ces paramètres sont susceptibles de varier avec l'usure de la phase solide. L'étude de l'effet de l'incertitude paramétrique qui est présentée dans le quatrième chapitre de ce mémoire montre que le lit mobile simulé est très sensible aux variations de ces paramètres. Cependant, le problème d'optimisation paramétrique correspondant est bien conditionné si les débits sont correctement mesurés.

2.3.2. La chromatographie d'adsorption sur colonne

La colonne chromatographique est un tube de diamètre et de longueur variables, en verre, métal, ou autre substance, destinée à porter la phase solide (l'adsorbant) par ses murs intérieurs. Autrement dit, la colonne est emballée par la phase solide qui n'est qu'un assemblage de particules de quelques microns de diamètre.

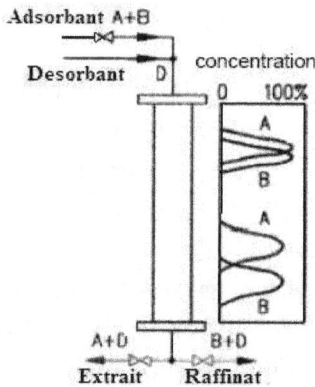

Figure 9: Evolution de pics de séparation des composés A et B sur une colonne chromatogrphique

La figure 9 montre l'évolution de la séparation de deux composants A et B dans une colonne chromatographique. Le composant A est plus adsorbé (plus fortement retenu) par la phase solide que le composant B, ceci implique que le coefficient de l'isotherme du composant A est supérieur à celui du composant B ($k_A > k_B$). Ainsi, un pic de concentrations du mélange (A+B) est injecté à l'entrée de la colonne avec l'écoulement continu de la phase mobile chargée de composants A et B à séparer à travers la colonne. Les composants se séparent graduellement par leurs différentes vitesses de propagation dans la colonne. Le composant le plus adsorbé se propage à une vitesse inférieure à celle du composant le moins adsorbé ($V_A < V_B$). Ainsi, le pic de concentration du composant A apparaît à la sortie de la colonne après celui du composant B ($t_B < t_A$). Le temps d'apparition d'un pic de concentration d'un composant i à la sortie d'une colonne chromatographique est dit le "temps de rétention du composant i".

a. La chromatographie sur le lit fixe

Ce type de séparation est connu sous le nom de Batch, dans lequel la phase solide est fixe et le mécanisme de séparation est comparable à celui d'une colonne. Mais cette méthode de séparation possède les inconvénients suivants :

- Dans le cas où les composants à séparer ont des propriétés physiques proches, ce-ci implique que les valeurs numériques de leur constante d'isotherme (k_i) sont proches. Cette méthode est de qualité modérée.
- L'opération de séparation n'est pas continue puisqu'elle est interrompue à chaque chargement du mélange, ce qui induit une perte de temps.

En raison de ces inconvénients, des améliorations ont conduit au remplacement du lit fixe par le lit mobile. Dans ce cas, la phase solide bouge en sens inverse par rapport à la phase liquide (séparation à contre-courant). Cette méthode augmente considérablement le pouvoir de séparation et réduit la consommation du désorbant.

b. Le lit mobile vrai

Le lit mobile vrai est un procédé de séparation chromatographique à contre-courant dans lequel la phase solide est aussi mobile que la phase liquide en sens inverse. Toutefois, le concept du lit mobile vrai reste idéal puisque la mobilité de la phase solide n'est pas réalisable en pratique pour des raisons techniques, cette mobilité est approchée (simulée) par la technologie du lit mobile simulé. Néanmoins, l'étude du fonctionnement du lit mobile vrai permet de mieux comprendre celui du lit mobile simulé, c'est la raison pour laquelle le lit mobile vrai est introduit dans cette étude.

✓ *Description du lit mobile vrai*

Ce procédé est constitué d'une colonne chromatographique divisée en quatre sections (zones) distinctes. Ces sections sont définies par leur emplacement par rapport aux robinets d'injection et de soutirage, comme montre la figure 10 :

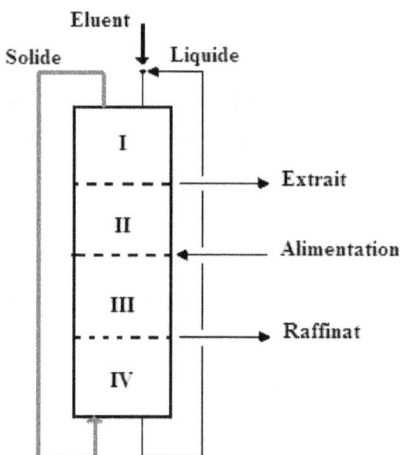

Figure 10: Le lit mobile vrai

Définition des robinets d'injection :

L'alimentation :

Le robinet d'alimentation permet d'injecter le mélange des composants à séparer (A + B).

La désorption :

Le robinet de désorption permet de fournir le désorbant (le solvant). Le désorbant est utilisé pour nettoyer la phase solide (l'adsorbant) en désorbant les composants déjà adsorbés par cette phase. Notons que ce désorbant est très coûteux, donc une stratégie d'optimisation doit être adoptée pour réduire sa consommation tout en réalisant la pureté désirée.

Définition des robinets de soutirage :

L'extraction :
Le robinet d'extraction est l'endroit où le composant le plus adsorbé (A) par la phase solide est collecté.

Le raffinage :
Le robinet de raffinage permet de collecter l'autre composant (B) qui est moins adsorbé par la phase solide.

Définition des sections
Les sections sont similaires dans leur structure physique mais la distribution des robinets entre les sections, les vitesses d'écoulement opposées de deux phases (solide et liquide) et la différence de constante d'équilibre de deux composants A et B font que chaque section joue un rôle différent (une fonction différente) dans le processus de séparation.

Ainsi, le concept de section est plutôt fonctionnel et les sections sont définies par leur positionnement par rapport aux robinets, à savoir :
-   La section fonctionnelle I est située entre le robinet de la désorption et celui de l'extraction, son rôle est de désorber le composant A.
-   La section fonctionnelle II est située entre le robinet de l'extraction et celui de l'alimentation, son rôle est de désorber le composant B.
-   La section fonctionnelle III est située entre le robinet de l'alimentation et celui du raffinage, son rôle est d'adsorber le composant A.
-   La section fonctionnelle IV est située entre le robinet du raffinage et celui de la désorption, son rôle est d'adsorber le composant B.

✓ ***Le mécanisme de séparation dans le lit mobile vrai***
La différence des vitesses de composants à séparer est à la base de la séparation dans le lit mobile vrai. Ici, chaque section joue un rôle particulier

dans la séparation de telle sorte qu'un composant soit majoritaire dans le raffinage et l'autre soit majoritaire dans l'extraction.

Supposons un adsorbant solide circulant du haut en bas du lit et un désorbant liquide circulantdu bas vers le haut. Considérons le cas où l'on cherche à séparer deux composants A et B et supposons que le constituant A est plus fortement retenu par l'adsorbant que le constituant B. La charge (A+B) est injectée au milieu du lit et le désorbant (D) est injecté en bas de celui-ci. La phase liquide entraîne le mélange injecté vers le haut du lit alors que le solide circule de haut en bas du lit.

La séparation se passe principalement dans les sections centrales (II et III) (Ruthven, 1984). En injectant la charge (A+B), le composant A est tout de suite pris par le solide dans la section II (parce qu'il est le plus adsorbé), ce qu'ici, compte tenu de la compétition, ne permet que d'adsorber une très faible quantité du composant B puisque le solide est déjà (majoritairement) saturé en composant A. Par conséquent le composant B est (majoritairement) pris par le liquide vers la section III avec ce qui n'est pas adsorbé du composant A (une très faible quantité également).

Le composant B porté par le liquide quittant la section III vers la section IV est adsorbé par le solide dans cette section (puisque le composant A ne s'y trouve pas) et conduit vers la sortie du raffinage pour être collecté. Le liquide est donc renouvelé après avoir été débarrassé du composant B et réinjecté en bas du lit pour être réutiliser. Symétriquement, le composant A porté par le solide quittant la section II vers la section I est désorbé par le liquide dans cette section et conduit vers la sortie de l'extraction pour être récolté. Le solide est donc renouvelé après avoir été débarrassé du composant A et ré circulé en haut du lit.

La faible quantité du composant A amenée par le liquide dans la section III est retournée par le solide vers la section I pour être désorbée et conduite vers l'extraction. De même, la faible quantité du composant B adsorbée par le solide dans la section II est retournée par le liquide vers la section IV pour être adsorbée et amenée vers le raffinage.

Il est très important de mentionner que le mécanisme de séparation ainsi expliqué n'est efficace que si les débits de la phase liquide dans les sections et celui de la phase solide, ainsi que les dimensions du procédé sont correctement choisis.

c. Le Lit Mobile Simulé

Le mécanisme de séparation dans le lit mobile vrai décrit précedement est le même que celui qui a lieu dans le lit mobile simulé. En effet, le lit mobile simulé ne consiste qu'en une réalisation technique du lit mobile vrai puisque la mobilité de la phase solide n'est pas facilement réalisable en pratique. Pour réaliser la mobilité de la phase solide dans le lit mobile simulé, les robinets d'injection et de soutirage sont déplacés (commutés) périodiquement dans le sens de l'écoulement du fluide. En effet, dans le lit mobile simulé, chaque section est constituée d'une colonne chromatographique ou plus généralement, de plusieurs colonnes chromatographiques. Dans le cas où il y a plusieurs colonnes chromatographiques par section (Figure 11), les robinets sont déplacés d'une colonne par commutation.

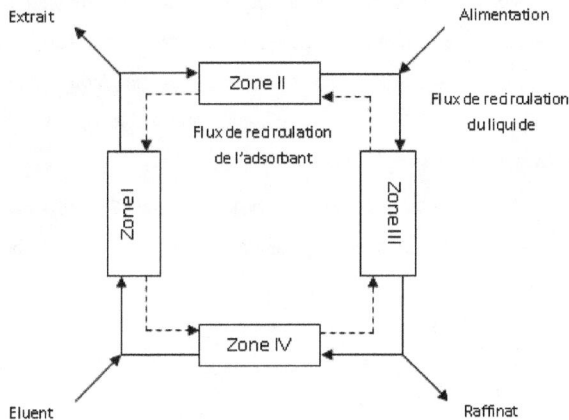

Figure 11: Le lit mobile simulé

44

À la limite, pour un nombre infini de colonnes et pour une période de commutation infiniment courte, on peut converger vers le lit mobile vrai dans lequel la vitesse de la phase solide est donnée par :

$$V_s = \lim_{N \to \infty} \frac{L_N}{T_{sw,N}}; \ L_N < L_{N+1}; \ T_{sw,N} < T_{sw,N+1} \tag{31}$$

Où $T_{sw,N}$ est la période nécessaire pour que les robinets se déplacent d'une colonne de longueur L_N à une vitesse V_s. La période $T_{sw,N}$ représente la période de commutation des robinets.

Il est évident dans le lit mobile simulé, que les sections, d'après leur définition fonctionnelle, se déplacent simultanément avec les robinets. Ceci est présenté dans la figure qui montre un schéma d'un lit mobile simulé où les robinets sont déplacés d'une colonne à partir du schéma de la figure résultant d'un déplacement des sections fonctionnelles.

Les sections fonctionnelles dans le lit mobile simulé sont connectées par les noeuds où les robinets sont installés.

✓ *La connexion des sections dans le lit mobile simulé*

La connexion entre les sections fonctionnelles dans le lit mobile simulé (LMS) est représentée par les équations du bilan de matière calculé à chaque noeud. Les débits volumiques internes dans les sections sont notés par Q_I, Q_{II}, Q_{III} et Q_{IV}, les débits externes (le débit de désorption, le débit d'extraction, le débit d'alimentation et le débit de raffinage) sont respectivement notés par Q_D, Q_{Ext}, Q_{Al} et Q_{Raf}.

Les sections sont connectées par les noeuds ($\boldsymbol{n}_D, \boldsymbol{n}_{Ext}, \boldsymbol{n}_{Al}, \boldsymbol{n}_{Raf}$) dans lesquelles le bilan est représenté par les équations algébriques suivantes, à savoir :

- Le noeud de désorption ($\boldsymbol{n}_D$) :

$$Q_D = Q_I - Q_{IV} \tag{32}$$

$$C_{in}^I = \frac{Q_{IV}}{Q_{IV} + Q_D} C_{out}^{IV} \tag{33}$$

- Le noeud d'extraction ($\boldsymbol{n}_{Ext}$) :

$$Q_{Ext} = Q_I - Q_{II} \tag{34}$$

$$C_{in}^{II} = C_{out}^I \tag{35}$$

- Le noeud d'alimentation (n_{Al}) :

$$Q_{Al} = Q_{III} - Q_{II} \tag{36}$$

$$C_{in}^{III} = \frac{Q_{II}}{Q_{II}+Q_{Al}} C_{out}^{II} + \frac{Q_{Al}}{Q_{II}+Q_{Al}} C_{Al} \tag{37}$$

- Le noeud de raffinage (n_{Raf}) :

$$Q_{Raf} = Q_{III} - Q_{IV} \tag{38}$$

$$C_{in}^{IV} = C_{out}^{III} \tag{39}$$

Dans ces équations :

- Q_D, Q_{Ext}, Q_{Al} et Q_{Raf} : correspondent respectivement aux débits volumiques (cm^3/sec) du fluide dans la désorption, l'extraction, l'alimentation et le raffinage.

- Q_j : le débit volumique [cm3/sec] du fluide dans une section j, où $j \in \{I, II, III, IV\}$

- C_{in}^j : la concentration (g/cm^3) à l'entrée d'une section j, où $j \in \{I, II, III, IV\}$.

- C_{out}^j : la concentration (g/cm^3) à la sortie d'une section j, où $j \in \{I, II, III, IV\}$

✓ *Mode de fonctionnement*

L'unité LMS conventionnelle est composée de quatre zones encadrées par deux nœuds d'entrées, alimentation et éluant, et deux nœuds de sortie, extrait et raffinat. Ces zones sont divisées en colonnes chromatographiques connectées en série. Chaque zone peut renfermer de deux à quatre colonnes (Schramm, Keinle, Kaspereit, & Seidel-Morgenstern, 2003).

Ces colonnes sont connectées entre eux, selon le plan de production, par des tuyaux de silicone et d'un bain thermostatique. Chaque colonne possède quatre ports- soupapes pour actionner le système de contrôle. En cas d'exigence, ces soupapes permettent le pompage d'alimentation ou de l'éluant dans le système ou le retrait de l'extrait ou du raffinat (Azevedo & Rodrigues, 2000).

La séparation continue du mélange binaire n'est pas possible par un contre courant apparent entre la phase solide et la phase liquide. Le mouvement de la phase d'adsorption est simulé par une variation synchronisée des nœuds d'entrée et de sortie vis-à-vis de la direction du courant de fluide. L'intervalle de changement ainsi que le débit de la phase liquide doit être choisit correctement, le composé le plus adsorbé est recueilli à la sortie de l'extrait tandis que le composé faiblement adsorbé apparaît au raffinat.

Les quatre zones de l'unité réalisent des fonctions différentes:

Séparation de deux composés dans la zone II et III

Régénération de la phase mobile et de l'adsorbant dans la zone I et IV (Schramm, Keinle, Kaspereit, & Seidel-Morgenstern, 2003).

✓ *Paramètres de fonctionnement*

Plusieurs paramètres interfèrent dans le fonctionnement de ce procédé tels que : le type de résine utilisée, la température du milieu réactionnel, la pression, le débit d'écoulement de l'alimentation, du raffinat, de l'extrait, et de l'éluant.

Résine utilisée:

Le type de résine utilisée diffère d'une application à une autre selon le type des fractions à séparer. Dans le cas de séparation du mélange de glucose fructose, les résines utilisées sont polystréniques de type gel, sous forme Ca^{2+} de diamètre moyen et de fournisseurs différents (Gramblička & Polakovič, 2003; Lameloise, 2000).

Dans le tableau suivant on cite quelques noms commerciaux de résine et les noms de leurs fournisseurs:

Température:

Des mesures des courbes d'équilibre réalisées par analyse frontale, à deux températures (30 et 60°C), montrent que les isothermes sont linéaires pour le glucose et le fructose sur une large gamme concentration (de 0 à 400 g/l) et ne révèlent pas d'interaction entre les 2 sucres. L'isotherme du glucose n'est pas affectée par la température, ce qui est en accord avec l'hypothèse qu'il ne forme pas réellement de liaison avec la résine. En revanche, le fructose est moins retenu à température élevée: il y aurait donc intérêt à effectuer la séparation à température ambiante (Lameloise, 2000).

Pression

Une pression élevée est nécessaire pour assurer un tassement de la résine et bien maintenir le lit fixe au sein de chacune des colonnes.

Des études récentes montrent que l'application des pressions comprises entre 50 et 100 bars, pour des colonnes de 5 à 10 cm, donne les résultats les plus efficaces. Ce ci a été validé même pour des colonnes de dimensions plus importantes (Blehaut & Nicoud, 1998).

Débit d'écoulement

Le choix du débit est primordial pour un établissement correct des profils de concentration au sein des colonnes. Ce choix est en corrélation avec la résine utilisée. Il doit respecter la capacité totale d'échange de la résine (Azevedo & Rodrigues, 2000; Lameloise, 2000).

En plus, s'ajoutent d'autres facteurs tels que :

Les paramètres hydrodynamiques de la colonne ;

Le temps de rétention moyen, l'allure générale des pics de séparation et les facteurs cinétiques et hydrodynamiques contribuant plus ou moins significativement à leur étalement (Lameloise, 2000).

✓ *Quelques applications du procédé LMS:*

Le concept technologique de LMS est appliqué dans plusieurs domaines: pharmaceutique, chimique, industrie sucrière, …

Comme exemple de ces applications, on peut citer:

Application dans le domaine pharmaceutique:

En industrie pharmaceutique, la séparation des isomères optiques représente un problème technique très critique. La technique de SMB couplée avec celle d'enantiosélectivité a permis de résoudre le problème d'une manière très efficace.

La première mise en place d'un exemple réel de séparation a été présentée par Sandoz: c'est une séparation de 1a,2,7,7a tetrahydro-3-methoxy-napht (2,3-b)-oxirane en utilisant le triacetate de cellulose micro cristalline comme phase stationnaire et le méthanol comme éluant. La séparation est pratiquée sur de petites colonnes de 2,6 cm de diamètre et 11 cm de longueur (Blehaut & Nicoud, 1998).

Les Bio séparations:

Parmi les bio - séparations connues du procédé SMB, on cite la séparation de mélanges myoglobines - lysozymes. Le procédé est appliqué sur 8 colonnes chromatographiques montées en série, chacune d'elles de 2,6 cm de diamètre et de 10 cm de longueur et chargée en ACA 54 (adsorbant). L'élution de la fraction séparée est assurée par une solution de Na Cl de concentration de 0,15 mol/l.

La pureté de l'extrait et du raffinat est supérieure à 98%.

Des purifications des protéines sériques HSA (Human Serum Albumin) ont été, aussi ; réalisées ainsi que des purifications des anticorps monoclonaux à une pureté très élevée (Blehaut & Nicoud, 1998).

Séparations des sucres:

En industrie sucrière, plusieurs applications du procédé SMB sont connues :

Séparation d'un mélange de monosaccharides et des disaccharides: séparation de fructose - tréhalose.

Séparation d'un mélange de deux disaccharides: séparation de palatinose - tréhalose.

Séparation d'un mélange xylose - arabinose.

Fractionnement du dextran par exclusion selon la taille moléculaire.

Application à la purification des melasses: cette purification fait intervenir plusieurs phénomènes; les principaux sont l'exclusion des espèces ioniques et la rétention du saccharose.

La phase stationnaire utilisée est la résine Dowex C326 sous forme Na^+ et à 6% de divinylbenzène. La pureté de l'extrait obtenu par exclusion est de 86 à 92% (Blehaut & Nicoud, 1998).

3. Modélisation du procédé continu de production du fructose

3.1. Modélisation par la méthode des éléments finis

3.1.1. Introduction

Les codes éléments finis font maintenant partie des outils couramment utilisés lors de la conception et à l'analyse des produits industriels. Les outils d'aide à la modélisation devenant de plus en plus perfectionnés, l'utilisation de la méthode des éléments finis s'est largement développée et peut sembler de moins en moins une affaire de spécialistes.

L'idée fondamentale de cette méthode est de discrétiser le problème en décomposant le domaine matériel à étudier en éléments de forme géométrique simple. Sur chacun de ces éléments il sera plus simple de définir une approximation des équations aux dérivées partielles en se basant sur les principes hérités de la formulation variationnelle ou formulation faible.

3.1.2. Etapes de modélisation

Les principales étapes du développement d'un modèle éléments finis sont les suivantes :

✓ *Discrétisation du milieu continu en sous domaines :*

Cette opération consiste à procéder à un découpage du domaine continu en sous domaines. Il faut donc pouvoir représenter au mieux la géométrie souvent complexe du domaine étudié par des éléments de forme géométrique simple. Il ne doit y avoir ni recouvrement ni trou entre deux éléments ayant une frontière commune.

Lorsque la frontière du domaine est complexe, une erreur de discrétisation géométrique est inévitable. Cette erreur doit être estimée, et éventuellement réduite en modifiant la forme ou en diminuant la taille des éléments concernés.

✓ *Construction de l'approximation nodale par sous domaine :*

La méthode des éléments finis est basée sur la construction systématique d'une approximation u^* du champ des variables u par sous domaine. Cette approximation est construite sur les valeurs approchées du champ aux noeuds de l'élément considéré, on parle de représentation nodale de l'approximation ou plus simplement d'approximation nodale.

✓ *Calcul des matrices élémentaires correspondant à la forme intégrale du problème*

La forme intégrale du Principe des Travaux Virtuels associée à un problème de mécanique des structures, est utilisée comme point de départ, afin de présenter la démarche générale utilisée pour construire les formes matricielles et vectorielles sur chaque élément.

✓ *Assemblage des matrices élémentaires et conditions aux limites :*

Les règles d'assemblage sont définies par la relation :

$$D \simeq \sum_{e=1}^{n_e} D_e$$

L'assemblage des matrices élémentaires masse M_e et raideur K_e s'effectue selon les mêmes règles. Ces règles sont définies par sommation des termes correspondant au travail virtuel calculé pour chaque élément. Cette opération traduit simplement que la forme quadratique associée à l'ensemble du domaine est la somme des formes quadratiques des sous-domaines. Elle consiste à ranger dans une matrice globale, les termes des matrices élémentaires. La forme de cette matrice dépend bien évidemment de l'ordre dans lequel sont définies les variables globales.

3.1.3. Outils de modélisation:

Un programme général de type industriel doit être capable de résoudre des problèmes variés de grandes tailles (de mille à quelques centaines de milliers de variables). Ces programmes complexes nécessitent un travail d'approche non négligeable avant d'espérer pouvoir traiter un problème réel de façon correcte. Citons à titre d'exemple quelques noms de logiciels : NASTRAN, ANSYS, FLUENT, FIDAP, ADINA, ABAQUS, CASTEM 2000, CESAR, SAMCEF, etc. Les possibilités offertes par de tels programmes sont nombreuses :

- Analyse linéaire ou non d'un système physique continu ;
- Analyse statique ou dynamique ;

- Prise en compte de lois de comportement complexes ;
- Prise en compte de phénomènes divers (élasticité, thermiques, massiques, de plasticité, d'écoulement. . .) pouvant être couplés ;
- Problèmes d'optimisation, etc.

3.2.   Les réseaux de neurones artificiels

Les systèmes experts représentent les applications les plus connues de l'intelligence artificielle (IA). La résolution du problème est confiée à un ensemble de règles données par l'expert humain du domaine. Toutes les règles doivent être présentées auparavant au traitement, ainsi le programme doit être binaire dans son exécution. Si l'expert n'a pas tout planifié, les cas non prévus seront traités avec une marge d'erreur plus au moins faible. Cette approche n'est applicable que pour les domaines où la modélisation est réalisable. Ces domaines sont ceux des sciences dites "exactes" comme l'électronique, la mécanique, la physique, etc, par opposition aux sciences dites "humaines" comme la médecine, la psychologie, la philosophie, etc, où la connaissance est plus empirique. L'intelligence artificielle apparaît comme un processus pratique pour stocker les connaissances d'une manière claire et précise (Touzet, 1992).

Actuellement une nouvelle approche au traitement automatique de l'information est entrain de se manifester, elle est inspirée du raisonnement du cerveau.

Sachant que n'importe quel comportement est sous le contrôle du système nerveux, plus spécifiquement le cerveau, le réseau de neurone était une imitation du comportement intelligent du cerveau humain face aux variations du milieu extérieur.

3.2.1.   Définition:

Un réseau de neurones est un processeur massivement distribué en parallèle qui a une propension naturelle pour stocker de la connaissance empirique (experimentale) et la rendre disponible à l'usage. Il ressemble au cerveau sur deux aspects:

- La connaissance est acquise par le réseau au travers d'un processus d'apprentissage
- Les connexions entre les neurones, connues sous le nom de poids synaptiques servent à stocker la connaissance (Haykin, 1994)

Un réseau de neurones est un circuit composé d'un nombre très important d'unités de calcul simples basées sur des neurones. Chaque élément opère seulement sur l'information locale. Chaque élément opère de façon asynchrone; il n'y a donc pas d'horloge générale pour le système (Nigrin, 1993).

3.2.2. Le modèle neurobiologique

Le cerveau se compose d'environ 10^{12} neurones (mille milliards), avec 1000 à 10000 synapses (connexions) par neurone (Le nombre total des synapses est estimé à environ 10^{15}) (Touzet, 1992). Le neurone est l'élément de base du système nerveux central.

L'information n'est pas stockée dans les neurones, mais ça résulte du comportement des interconnexions. Les synapses assument la transmission des messages nerveux, par ajustement de leur fonctionnement, la modification des connexions synaptiques et leurs activations répétés « mémorisation ».

3.2.3. Les modèles mathématiques

Les réseaux de neurones sont applicables pour certaines taches: la reconnaissance de formes, le traitement du signal, l'apprentissage par l'exemple, la mémorisation, la généralisation… (Touzet, 1992). Les réseaux de neurones artificiels sont des modèles, ayant naissance de la structure et du comportement du système nerveux humain, caractérisés par leurs composants, leurs variables descriptives et les interactions des composants.

Le terme «réseaux de neurones artificiels» désigne des circuits composés de petites unités de calcul interconnectées, dont le fonctionnement est inspiré de celui du système nerveux humain. Une grande variété de tels systèmes a été conçue pour diverses applications en intelligence artificielle et en traitement de l'information.

a. Structure du neurone artificiel

Le premier neurone formel est apparu en 1943. On le doit à Mac Culloch et Pitts.

Le neurone artificiel est une modélisation mathématique reprenant les principes du fonctionnement du neurone biologique, il présente le processeur élémentaire, l'unité de calcul simple.

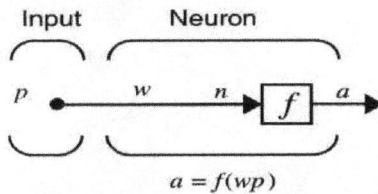

$$a = f(wp)$$

Figure 12: La structure d'un neurone formel simple

b. Les poids

Le neurone artificiel reçoit un nombre variable d'entrées en provenance de neurones amont. A chacune de ces entrées est associé un poids w abréviation de weight (poids en anglais) représentatif de la force de la connexion. Chaque processeur élémentaire est doté d'une sortie unique, qui se ramifie ensuite pour alimenter un nombre variable de neurones avals. A chaque connexion est associé un poids.

c. La fonction de sommation

Sachant qu'au niveau biologique, les synapses n'ont pas toutes la même «valeur» (les connexions entre les neurones étant plus ou moins fortes), il a été donc créé un algorithme qui pondère la somme de ses entrées par des poids synaptiques (coefficients de pondération). De plus, les 1 et les -1 en entrée sont là pour figurer une synapse excitatrice ou inhibitrice.

Un neurone k est décrit par l'équation suivante (Cheynet, 1992):

$$Y_k = \phi(\sum_{j=1}^{n} w_{kj}X_j - \theta_k)$$

(40)

X_j : Les valeurs d'entrée du neurone k ;

54

Y_k : La valeur de sortie ;

w_{kj} : Le poids de la synapse reliant le neurone j au neurone k ;

θ_k : Le seuil du neurone k ;

ϕ : La fonction d'activation.

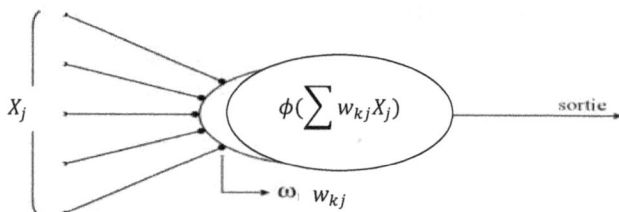

Figure 13: Modèle d'un neurone formel avec la fonction de sommation

d. La fonction de transfert

Le neurone formel était défini avec une fonction à seuil, par la suite le neurone de McCulloch et Pitts a été établi de différentes manières, avec d'autres fonctions de transfert, telle que les fonctions linéaires, tangentielle, sigmoïdes ou gaussiennes (McCulloch & Pitts, 1943).

Une fonction d'activation servant à limiter l'amplitude du signal de sortie du neurone et à reproduire l'effet de seuil et de décharge observés sur les neurones biologiques.

3.2.4. Structure d'interconnexion

Les connexions caractérisent l'organisation des neurones entres eux, elles définissent la topologie ou l'architecture du modèle. Elles peuvent être établies d'une façon aléatoire, ou présentant une certaine régularité.

Pour le réseau multicouche (au singulier), les neurones sont disposés en couches. Les connexions se font seulement avec les neurones des couches avales (pas de connexions entre les neurones appartenant à la même couche). Généralement, chaque neurone d'une couche est connecté à tous les neurones de la couche suivante et celle-ci seulement. Ce sens unique caractérise la propagation de l'information d'où la définition des concepts de neurone d'entrée, neurone de sortie (Touzet, 1992). La couche d'entrée est l'ensemble des neurones d'entrée, la couche de sortie est l'ensemble des neurones de sortie. Les couches intermédiaires n'ayant aucun contact avec l'extérieur sont appelés couches cachées.

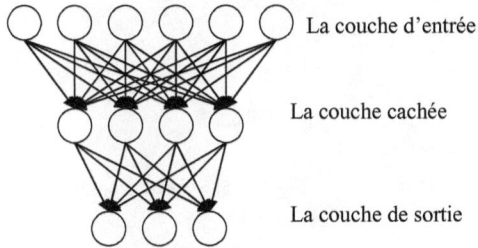

La couche d'entrée

La couche cachée

La couche de sortie

Figure 14: Structure générale d'un réseau de neurones

Dans un réseau, chaque sous-groupe a un traitement spécifique qui transmet, par la suite, le résultat au sous-groupe suivant. La propagation de l'information se fait couche par couche, de la couche d'entrée à la couche de sortie, en passant soit par aucune, soit par une seule couche ou bien par plusieurs couches intermédiaires (les couches cachées).

Selon l'algorithme d'apprentissage, il peut y avoir une propagation de l'information à reculons ("back propagation"). Dans la plus part des cas (excepté pour les couches d'entrée et de sortie), chaque neurone est connecté à tous les neurones de la couche amont et de la couche avale.

Un autre type de connexion est bien répandu c'est l'interconnexion complète ou chaque neurone est connecté à tous les neurones du réseau (et à lui-même).

56

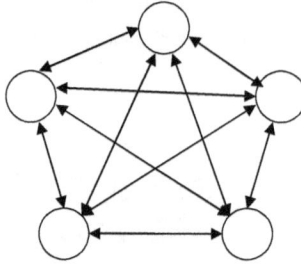

Figure 15: Réseau à connexion totale

3.2.5. Classification des RNA

On peut classer les RNA en deux grandes catégories selon le type d'interconnexion entre les neurones:

a. LES RESEAUX "FEED-FORWARD"

Appelés aussi "réseaux de type Perceptron" ; ce sont des réseaux dans lesquels l'information se propage dans un seul sens de l'entrée vers la sortie sans retour en arrière.

✓ *Les Perceptrons:*

Le perceptron monocouche:

C'est la première modélisation des RNA, c'est le Perceptron de Rosenblatt (1958). Il est formé seulement d'une couche d'entrée et d'une couche de sortie. Il est destiné principalement à la reconnaissance des formes parce qu'il était inspiré à partir du système visuel, il peut aussi être utilisé dans les domaines de classification et de résolution des opérations logiques simples (telle "ET" ou "OU"). Dans les problèmes de classification à deux classes, il affecte une entrée donnée à une classe si la sortie est égale à 1, sinon l'entrée sera affectée à l'autre classe (Rosenblatt, 1958).

Son inconvénient est qu'il peut résoudre des problèmes linéairement séparables exclusivement. Il suit un apprentissage supervisé selon la règle de correction de l'erreur (ou selon la règle de Delta).

Le perceptron multicouche:

Le Cun, Parker (1985) et Rumelhart (1986) ont développé le modèle du perceptron multicouche ainsi que la procédure d'apprentissage de rétropropagation.

C'est une progression du perceptron simple. Il possède une ou plusieurs couches cachées entre l'entrée et la sortie. Chaque neurone dans une couche est connecté à tous les neurones de la couche précédente et de la couche suivante (excepté pour les couches d'entrée et de sortie) mais sans connexions entre les neurones d'une même couche. Les fonctions de transfert les plus utilisées sont les fonctions à seuil ou sigmoïdes. Il est capable de résoudre des problèmes non-linéairement séparables, des problèmes logiques plus compliqués, ainsi que le fameux problème du XOR (« ou exclusif »). Il suit un apprentissage supervisé selon la règle de correction de l'erreur (Patrick, 1996).

✓ *Les réseaux à fonction radiale:*

Connus par RBF ("Radial Basic Functions"), ils ont la même architecture que les perceptrons multicouches (Multilayer perceptron: MLP). La fonction d'activation la plus utilisée est la fonction Gaussienne. Les RBF sont impliqués dans la résolution des mêmes types de problèmes que les MLP: la classification et l'approximation de fonctions. L'apprentissage qu'il suit est le mode hybride et les règles d'apprentissage sont : La règle de correction de l'erreur et la règle d'apprentissage par compétition.

b. LES RESEAUX "FEED-BACK"

Nommés "réseaux récurrents", ils sont caractérisés par retour en arrière de l'information. Ils contiennent au moins une boucle de contre-réaction sur une de ses couches vers une au moins des couches précédentes (Cheynet, 1992).

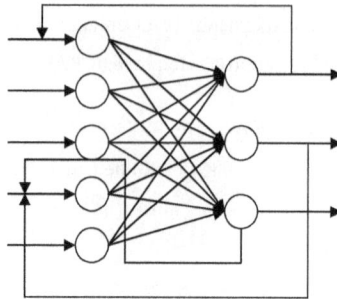

Figure 16: Un réseau récurrent

c. Les cartes auto-organisatrices de Kohonen :

Ce modèle est proposé par T. Kohonen en 1983. Il l'a inspiré à partir de l'organisation de neurones biologiques dans la zone sensorielle de cortex cérébral dont les stimuli voisins sont sentis par des zones corticales voisines.

Ce sont des cartes discrètes, topologiquement ordonnées, dépendant du modèle d'entrée. Ils sont utilisés par les réseaux non-supervisés. Dans ce réseau chaque noeud définit un neurone et son vecteur poids associé. Le meilleur vecteur poids est choisi, il est ajusté tout le long du traitement pour augmenter sa corrélation au neurone correspondant.

Les outils mathématiques variés utilisés pour montrer l'auto-organisation et la convergence de l'algorithme de Kohonen ne sont pas suffisants pour achever l'étude théorique.

d. Les réseaux de Hopfield

Ce modèle est défini en 1982 par J. Hopfield afin de mettre en évidence l'analogie entre les réseaux de neurones et certaines structures physiques obéissant aux lois de la mécanique statistique.

Ce sont des réseaux récurrents, à mode d'apprentissage non supervisé et totalement connectés, où chaque neurone est connecté à tous les autres neurones et il n'y a aucune différenciation entre les neurones d'entrée et de sortie. La spécificité de ce modèle est sa sortie binaire 0, 1 ou -1, 1. Ils fonctionnent comme une mémoire associative non-linéaire et sont capables de trouver un objet stocké en fonction de représentations partielles ou bruitées. Ils sont utilisés comme étant un entrepôt de connaissances et aussi lors de la résolution de problèmes d'optimisation.

Les limites du modèle de Hopfield sont essentiellement :

- Une faible capacité d'apprentissage, pour un grand nombre de neurones (N neurones), le nombre maximal d'états correctement retrouvés est inférieur à 0,138 N
- Il est capable d'apprendre n exemples facilement, mais si on fait entrer un de plus, il ignore tout.

e. Réseau d'Elman

Il est caractérisé par des neurones *tansig* dans la couche cachée récurrente et un neurone linéaire dans la couche de sortie. Il est apte d'approximer tout type de fonction tant qu'il est doté du suffisamment de neurones au niveau de sa couche cachée.

Il est capable d'apprendre des associations temporelles et spatiales, et les enregistrere pour un usage ultérieur (Figure 17).

f. Les ART ("Adaptative Resonnance Theory")

Ces réseaux ont définis par la règle d'apprentissage par compétition et le mode supervisé ou non-supervisé. La limite des ART est le dilemme «stabilité/plasticité ».

Pour un apprentissage par compétition, on ne peut pas s'assurer de la stabilité des modèles formés. Pour garantir la stabilité, il faut avoir un coefficient d'apprentissage qui tend vers zéro, ce qui favorise la perte de la plasticité du réseau.

Dans ce réseau, les vecteurs de poids ne seront adaptés que si l'entrée fournie est suffisamment proche, d'un prototype déjà connu par le réseau. On parlera alors de résonnance. A l'inverse, si l'entrée s'éloigne trop des prototypes existants, une nouvelle catégorie va alors se créer, avec, pour prototype, l'entrée qui a engendré sa création.

Il y a deux types de réseaux ART : les ART-1 pour des entrées binaires et les ART-2 pour des entrées continues.

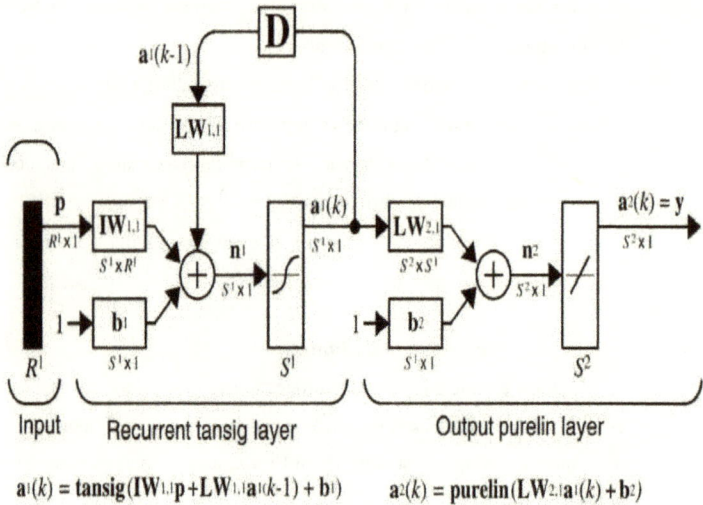

$$a_1(k) = tansig(IW_{1,1}p + LW_{1,1}a_1(k-1) + b_1) \qquad a_2(k) = purelin(LW_{2,1}a_1(k) + b_2)$$

Figure 17: Le réseau d'Elman

3.2.6. Apprentissage

Les réseaux de neurones peuvent accroître progressivement leur connaissance du milieu extérieur et donc mieux accomplir la tâche pour laquelle ils ont été conçus

Ceci se fait à l'aide d'un processus itératif comportant les phases suivantes:

- Le réseau est stimulé par le milieu extérieur (une entrée lui est présentée) ;
- Le réseau subit des changements internes (ajustement des valeurs des poids et des seuils) ;
- Le réseau répond de façon nouvelle au monde extérieur après ce changement.

Ceci se fait à partir d'une base d'exemples du problème à traiter qui sont présentés successivement au réseau. La manière dont les paramètres du réseau (poids et seuils) sont modifiés suite à ces différents stimuli, pour qu'il donne la réponse attendue, est appelée « algorithme d'apprentissage ». La plupart de ces

61

algorithmes sont basés sur la minimisation de l'erreur. Il s'agit d'une « distance » entre les réponses rendues par le réseau et celles attendues. C'est la propriété la plus intéressante des réseaux neuronaux. En fait, pour décrire un modèle, il faut mentionner l'algorithme d'apprentissage (Cheynet, 1992).

Par définition l'apprentissage est une phase du développement d'un réseau de neurones durant laquelle le comportement du réseau est modifié jusqu'à l'obtention du comportement désiré.

L'apprentissage neuronal fait appel à des exemples de comportement (Touzet, 1992).

L'apprentissage peut être considéré comme le problème de la mise à jour des poids des connexions au sein du réseau, afin de réussir la tâche qui lui est demandée et accorder la réponse du réseau aux exemples et à l'expérience.

Il est souvent impossible de décider à priori des valeurs des poids des connexions d'un réseau pour une application donnée. A l'issue de l'apprentissage, les poids sont fixés : c'est alors la phase d'utilisation. Certains modèles de réseaux sont improprement dénommés à apprentissage permanent. Dans ce cas il est vrai que l'apprentissage ne s'arrête jamais, cependant on peut toujours distinguer une phase d'apprentissage (en fait de remise à jour du comportement) et une phase d'utilisation. Cette technique permet de conserver au réseau un comportement adapté malgré les fluctuations dans les données d'entrées.

Au niveau des algorithmes d'apprentissage, il a été défini deux grandes classes selon que l'apprentissage est dit supervisé ou non supervisé.

a. Les types d'apprentissages

L'apprentissage peut se faire de différentes manières et selon différentes règles.

✓ Le mode supervisé:

Au départ, les poids sont sélectionnés aléatoirement, ensuite ils sont ajustés par le réseau afin de donner la sortie en fonction des entrées correspondantes. L'ajustement des poids se fait selon la comparaison entre les résultats calculés et les réponses attendues en sortie (Dreyfus, et al., 2002).

Ce mode consiste à présenter, au cours de l'apprentissage, un couple (entrée, réponse attendue) au réseau ; ces données sont appelées ensemble d'entraînement. La phase d'apprentissage s'achève lorsque le réseau produit toutes les sorties demandées pour une séquence d'entrées donnée ou lorsque le nombre des itérations est atteint. Un algorithme se charge alors de réduire l'erreur. Les algorithmes d'apprentissage supervisés les plus répandus sont : la règle de Delta et la back-propagation).

✓ *Le renforcement*

Le renforcement est en fait une sorte d'apprentissage supervisé. Le réseau apprend la corrélation entrée/sortie via une estimation de son erreur, ou plutôt le rapport échec/succès. Le réseau tend à maximiser un index de performance qui lui est fourni, appelé signal de renforcement. Le système étant capable ici, de savoir si la réponse qu'il fournit est correcte ou non, mais il ne connaît pas la bonne réponse (Dreyfus, et al., 2002).

✓ *Le mode non supervisé (ou auto-organisationnel)*

L'apprentissage est basé sur des probabilités. Le réseau va se modifier en fonction des régularités statistiques de l'entrée et établir des catégories, en attribuant et en optimisant une valeur de qualité aux catégories reconnues.

Seules les entrées de la base d'apprentissage sont présentées au réseau et c'est l'algorithme qui va, durant l'apprentissage et à l'aide de propriétés statistiques, déterminer le nombre de classes du problème, c'est-à-dire les différentes réponses possibles du réseau. Il n'y a pas de connaissances a priori, le réseau va construire sa propre représentation des données (ex Kohonen et Hopfield)

Une fois cette phase terminée, le réseau pourra être utilisé sur des entrées inconnues. Ceci constitue la phase de rappel ou de généralisation

✓ *Le mode hybride*

Le mode hybride est la combinaison des deux premiers modes, une partie des poids va être ajustée par un apprentissage supervisé et l'autre partie par un apprentissage non-supervisé.

b. Les modes d'apprentissage

On distingue deux modes d'apprentissage permettant de calculer l'erreur au niveau des sorties de chaque couche et rétropropager cette erreur vers les couches antérieures.

✓ *Apprentissage non adaptatif (on line)*

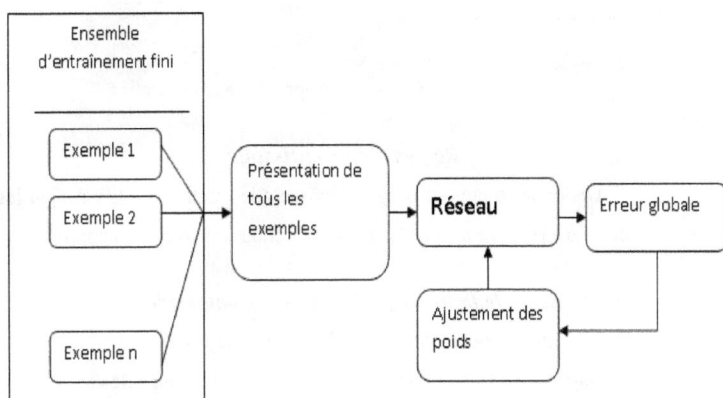

Figure 18: Apprentissage non adaptatif

✓ *Apprentissage adaptatif (bach)*

L'entraînement du réseau et son utilisation sont réalisés au même temps, avec un ensemble d'entraînement de taille finie tant qu'on ne dispose pas de tous les couples d'entrée-sortie de cet ensemble.

Les modifications des poids et la minimisation de l'erreur se font à chaque présentation d'une nouvelle entrée.

Les phases de test et d'apprentissage sont confondues

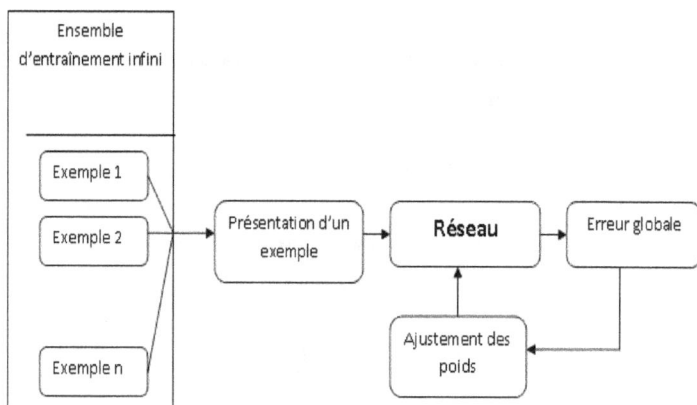

Figure 19: Apprentissage adaptatif

c. Règles d'apprentissage

Les règles d'apprentissage définissent les méthodes utilisées par les réseaux de neurones pour ajuster les poids de connexion lors de l'apprentissage.

✓ Règle de Delta (règle de correction automatique)

Elle appartient au paradigme d'apprentissage supervisé. Elle est caractérisée par la modification continue des poids de connexion. Elle est très utilisée dans le perceptron monocouche.

Le réseau dispose d'une entrée et d'une sortie correspondante, soit 'y' la sortie calculée et 'd' la sortie désirée, la règle de Delta diminue l'erreur globale du système (utilisant la règle de Delta (d - y) en modifiant les connexions, le réseau va s'adapter jusqu'à 'y' soit égale à 'd'.

✓ Apprentissage de Boltzmann

Ce sont des réseaux symétriques récurrents, ayant deux sous groupes de cellules :

- Le premier est relié à l'environnement (cellules visibles) ;
- Le deuxième n'est pas relié à l'environnement (cellules cachées).

65

Le types de cette règle est stochastique (relève partiellement du hasard). L'ajustement de Boltzmann ajuste les poids de connexions d'une façon que l'état des cellules visibles satisfasse une distribution probabiliste souhaitée.

✓ *Règle de Hebb*

C'est un exemple d'apprentissage non supervisé.

En 1949, Hebb propose la règle de modification des connexions synaptiques comme étant une formulation du processus d'apprentissage.

La règle modélise le fait que si des neurones, de part et d'autre d'une synapse, sont activés de façon synchrone et répétée, la force de la connexion synaptique s'accroît. Il est à noter ici que l'apprentissage est localisé, c'est-à-dire que la modification d'un poids synaptique "w_{ij}" ne dépend que de l'activation d'un neurone "i" et d'un autre neurone "j" (Touzet, 1992). Elle est appliquée aux connexions entre les neurones comme il est présenté dans cette figure:

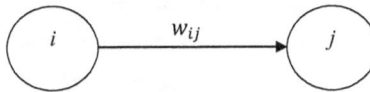

Figure 20: Exemple de connexion entre deux neurones en aval (i) et en amont (j)

.

Elle s'exprime de la façon suivante :

"Si 2 neurones sont activées en même temps, alors la force de la connexion augmente".

Elle s'écrit sous cette forme

$$w_{ij} (t + \delta t) = w_{ij} (t) + \mu A_i A_j \tag{41}$$

Avec :

$w_{ij} (t)$: Poids de la connexion entre le neurone i et le neurone j à l'instant t.

$\mu \ (\mu > 0)$: Paramètre de l'intensité de l'apprentissage.

66

A_k : Activation du neurone k (booléen)

✓ *Règle d'apprentissage par compétition*

La particularité de cette règle, c'est qu'ici l'apprentissage ne concerne qu'un seul neurone. Le principe de cet apprentissage est de regrouper les données en catégories. Les catégories similaires vont donc être rangées dans une même classe, en se basant sur les corrélations des données, et seront représentées par un seul neurone, on parle de « winner-take-all ».

Dans un réseau à compétition simple, chaque neurone de sortie est connecté aux neurones de la couche d'entrée, aux autres neurones de la couche de sortie (connexions inhibitrices) et à elle-même (connexion excitatrice). La sortie va donc dépendre de la compétition entre les connexions inhibitrices et excitatrices.

✓ *Règle de Kohonen*

Elle est utilisée seulement dans l'apprentissage non supervisé.

Le principe est basé sur la concurrence entre les neurones. Le neurone dont le vecteur des poids s'approche du vecteur d'entrée est déclaré gagnant ; il a la possibilité d'inhiber ses concurrents et d'activer ses voisins. D'où un seul vainqueur est autorisé à générer une sortie et seulement le vainqueur et ses voisins ont la permission d'ajuster leurs poids.

✓ *Règle de rétropropagation*

Dite back-propagation, c'est une généralisation de la règle Delta. Elle est basée sur deux phases :

- Phase de propagation en avant : calculer l'erreur entre la valeur de sortie trouvée et la valeur de sortie désirée
- Phase de propagation en arrière : l'erreur est propagée des neurones actuels vers les neurones précédents afin d'ajuster les poids de nouveau

3.2.7. *Les étapes de la conception d'un réseau*

La première étape à faire n'est pas de choisir le type de réseau mais de bien choisir ses échantillons de données d'apprentissage, de tests et validation. Ce n'est qu'ensuite que le choix du type de réseau interviendra.

Ces étapes sont à la base de la création d'un réseau de neurones

a. Choix et préparation des échantillons

Le processus d'élaboration d'un réseau de neurones commence toujours par le choix et la préparation des échantillons de données. Comme dans les cas d'analyse de données, cette étape est cruciale, elle aide à déterminer le type de réseau le plus approprié pour résoudre le problème en question.

La façon dont se présente l'échantillon conditionne le type de réseau, le nombre de cellules d'entrée, le nombre de cellules de sortie et la façon dont il faudra mener l'apprentissage, les tests et la validation.

b. Elaboration de la structure du réseau

La structure du réseau dépend étroitement du type des échantillons. Il faut d'abord choisir le type de réseau : un perceptron standard, un réseau de Hopfield, etc. pour certains modèles (par exemple le modèle de perceptron) ; il faudra aussi choisir le nombre de neurones dans la couche cachée.

Plusieurs méthodes existent. On peut par exemple prendre une moyenne du nombre de neurones d'entrée et de sortie, mais il vaut tester toutes les possibilités et choisir celle qui offre les meilleurs résultats.

c. L'apprentissage

L'apprentissage consiste tout d'abord à calculer les pondérations optimales des différentes liaisons, en utilisant un échantillon. Il existe plusieurs règles d'apprentissage. On introduit des valeurs d'entrée et, en fonction de l'erreur obtenue en sortie (le *delta*), on corrige les poids accordés aux pondérations. C'est un cycle qui est répété jusqu'à ce que l'erreur décroisse.

Généralement, l'apprentissage est arrêté dès que l'erreur sur la base de validation augmente (en fait dès que le réseau entre dans la phase de surapprentissage) ou au bout d'un certain nombre d'itérations (nombre que l'on fixe auparavant) quand l'erreur sur la base de validation reste constante depuis un grand nombre d'itérations.

d. Test et validation

Les tests vérifient les performances d'un réseau de neurones hors échantillon et sa capacité de généralisation. La validation est utilisée lors de l'apprentissage pour la vérification. Une fois le réseau est développé, il faut toujours procéder à des tests afin de vérifier que notre réseau réagit correctement.

Il y a plusieurs méthodes pour effectuer une validation: le cross validation, le bootstrapping... mais pour les tests, dans le cas général, une partie de l'échantillon est simplement écartée de l'échantillon d'apprentissage et conservée pour les tests hors échantillon. On peut par exemple utiliser 60% de l'échantillon pour l'apprentissage, 20% pour la validation et 20% pour les tests.

Dans les cas de petits échantillons, on ne peut pas toujours utiliser une telle distinction, simplement parce qu'il n'est pas toujours possible d'avoir suffisamment de données dans chacun des groupes ainsi créé. On a alors parfois recours à des procédures comme la cross-validation pour établir la structure optimale du réseau.

4. Optimisation du procédé de production du fructose

Les algorithmes génétiques (AG) sont parmi les méthodes utilisées dans les problèmes d'optimisation. Les AG tirent leur nom de l'évolution biologique des êtres vivants dans le monde réel. Ces algorithmes cherchent à simuler le processus de la sélection naturelle dans un environnement défavorable. Dans un environnement, « les individus » les mieux adaptés tendent à vivre assez longtemps pour se reproduire alors que les plus faibles ont tendance à disparaître (the survival of the fittest) (Michalewicz, Deb, Schmidt, & Stidsen, 1997; Tomassini, 1999)

Par analogie avec l'évolution naturelle, les AG font évoluer un ensemble de solutions candidates, appelé une « population d'individus ». Un « individu » n'est autre qu'une solution possible du problème à résoudre. Chaque individu de cette population se voit attribuer une fonction appelée fonction d'adaptation (*fitness*) qui permet de mesurer sa qualité ou son poids; cette fonction d'adaptation peut représenter la fonction objectif à optimiser. Ensuite, les meilleurs individus de cette population sont sélectionnés, subissent des croisements et des mutations et une nouvelle population de solutions est produite pour la génération suivante. Ce processus se poursuit, génération après génération, jusqu'à ce que le critère d'arrêt soit atteint, comme par exemple le nombre maximal de générations.

CHAPITRE 3: MATERIELS ET METHODES

1. Coefficient de diffusion des sucres à partir de pulpes des dattes

1.1. Théorie

Le coefficient de diffusion de sucre, D_S, est calculé selon la 2ème loi du Fick pour une diffusion unidirectionnelle et en régime transitoire:

$$\frac{\partial c}{\partial t} = D_S \frac{\partial^2 c}{\partial x^2} \tag{42}$$

Avec t le temps de diffusion (s), x la distance (cm), $C(x, t)$ la concentration de sucre à la distance x et au temps t (g cm^{-3}) et D_S, le coefficient de diffusion (cm^2 s^{-1}).

Au temps t = 0s, $C(x, 0) = Q\delta(x)$, où Q est la quantité initiale de sucre par unité de surface de la couche de pate de date (g cm^{-1}) et δ, la distribution de Dirac. Bien que la distribution de Dirac suppose que la couche de pâte de dattes n'a pas d'épaisseur, par la présente analyse on suppose que cette épaisseur est négligeable par rapport à la distance de diffusion.

Par conséquent, à tout moment, la conservation de la masse doit être respectée:

$$\int_{-\infty}^{+\infty} Cdx = Q, \tag{43}$$

La pate de dattes est déposée sous forme d'une couche « mince » en sandwich entre deux échantillons d'eau :

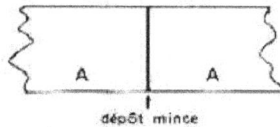

dépôt mince

Figure 21: Méthode de dépôt mince en sandwich (Philibert, 1985)

L'équation (43) peut être résolue comme suit:

$$C(x,t) = \frac{Q}{2\sqrt{\pi D_S t}} \exp(-\frac{x^2}{4D_S t}), \tag{44}$$

Pour résoudre l'équation (44), les valeurs expérimentales des concentrations sont représentées en fonction du temps selon l'équation, $Ln\left(\frac{C}{Q}\right) = f(t)$:

$$Ln(\frac{C}{Q}) = -1.26 - \frac{1}{2}Ln(t) - \frac{1}{2}Ln(D_S) - (\frac{x^2}{4D_S})(\frac{1}{t}), \qquad (45)$$

Le logiciel Table courbe 2D sera utilisé par la suite pour déterminer les valeurs du D_S experimentallement à partir de l'équation (45). La méthode d'ajustement non linéaire des moindres carrés est utilisée. La performance du logiciel Table Curve 2D est mesurée en calculant le coefficient de determination R^2 (Table Curve software, 2002).

1.2. Développement du modèle du RNA

Le développement d'un modèle de réseaux de neurones artificiels (RNA) implique: la génération des données requises pour l'apprentissage et le test du modèle; l'évaluation de la configuration de RNA menant à la sélection de la configuration optimale et la validation du modèle de RNA optimal avec un ensemble de données autres que ceux utilisés pour l'apprentissage.

1.3.   Détermination expérimentale du coefficient de diffusion

Trois variétés de dattes sont utilisés : *Menakher*, *Lemsi* et *Alligue*, contenant respectivement 540, 580 et 800g de sucre / kg de pulp de dattes. Initialement, la pulpe de datte contienne des sucres réducteurs (glucose et fructose) et des sucres non réducteurs tels que le saccharose (Bouabidi, Reynes, & Rouissi, 1996). La teneur initiale en sucre pour chaque variété a été déterminée par la méthode de Lane-Eynon. Cette méthode ne quantifie que les sucres réducteurs pour cela on procède à une étape d'hydrolyse des molécules de saccharose avant la quantification des sucres totaux présents. La méthode de Lane-Eynon est une quantification colorimétrique en utilisant une solution de sulfate de cuivre et l'indicateur de bleu de méthylène. Une courbe d'étalonnage a été tracée avec une série de solutions étalons de concentration en sucre connu.

Le dispositif expérimental utilisé pour mesurer D_S est représenté à la figure 20. Ce dispositif consiste en une boîte en plastique rectangulaire mesurant 34 mm de hauteur, 37 mm de largeur et 113 mm de longueur (Figure 22). La température du dispositif est maintenue constant à l'aide d'un bain marie (Lauda 100, Germany). Un échantillon de 20g de chaque variété est broyé ensuite placé au milieu de la boite en une couche mince maintenu à l'aide d'un petit filet. La couche mince de pâte de date est immergée avec l'eau de deux cotés.

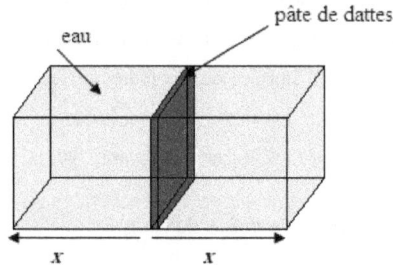

Figure 22: Dispositif experimental (Trigui, Gabsi, Helal, & Barrington, 2010)

La diffusion des sucres est supposée symétrique de part et d'autre de la couche mince des dates. Un échantillon de 0,1ml est collecté chaque 15 min, pendant une période de 240 min, à une distance de 20mm par rapport à la couche médiane et à une profondeur de 17 mm. La concentration en sucre est supposée constante tout long du dispositif experimetal vu la forme cubique de ce dispostif. La teneur en sucre de tous les échantillons est mesurée selon un réfractomètre (model PA201, MISCO, Cleveland, USA) ayant une precision de mesure de $\pm 0,1°$Brix.

Chaque mesure est repetée trois fois, pour chaque variété utilisée on applique trois température de diffusion: 50, 65 et 80°C. Les données éxperimentales sont obtenues selon un plan d'éxperience factorial complet. Le modèle linéaire généralisé (GLM) est utilisé pour analyser l'effet de la variété de dattes et la température de diffusion sur la concentration de sucre obtenue.

Le logiciel *Table courbe 2D* est utilisé pour déterminer, à partir des données expérimentales illustré selon l'équation (45), la valeur de D_S en appliquant la méthode d'ajustement non linéaire des moindres carrés (Trigui, Gabsi, Helal, & Barrington, 2010).

1.4.   Conception du modèle de réseaux de neurones

73

Le réseau de neurones artificiels (RNA) est une structure de calcul inspirée de réseaux de neurones biologiques (Neurosolutions Software, 2006). Parmis les différents modèles de réseaux de neurones proposés, le logiciel commercial *Neurosolutions* est choisit. Spécifiquement le modèle du type *Modular Feed Forward* (MFF) est sélectionné en raison de ses classes spéciales de Perceptron multicouche (MLP) où les couches sont segmentées en modules (Neurosolutions Software, 2006). Ces réseaux traitent leurs entrées à l'aide de plusieurs MLP parallèle et ensuite recombinent leurs resultants (Figure). Cette opération crée une structure qui favorise la spécialisation des fonctions de chaque sous-module. Les réseaux *MFF* n'ont pas d'interconnectivité totale entre toutes les couches. Par conséquent, un nombre de poids faible est requis pour établir un tel connexionisme de réseaux. Cela tend à accélérer sa formation et à réduire le nombre d'exemples nécessaires pour former le réseau pour un même degré de précision (Neurosolutions Software, 2006).

Tableau 8: Principaux paramètres de configuration de réseaux de neurones utilisés pour prédire le coefficient de diffusion du sucre

Facteurs	Niveau		
Fonction du transfert	TanH	Sigmoid	Bias
Nombre de couches cachées	1 ; 2		
Nombre de neurones au niveau supèrieur	2 à 10		
Nombre de neurones au niveau inferieur	2 à 10		
Topologie (Figure 21)	I ; II		
Itérations	1000 à 10000		

Afin de sélectionner le nombre de couches cachées ainsi que le nombre de neurones par couche, une procédure d'essai et d'erreur est menée pour atteindre le comportement requis. Dans cette présente étude, les différents paramètres de la procédure d'essai sont présentés dans le tableau 8. La configuration optimale est recherchée en utilisant 1 à 2 couches cachées, 2 à 10 neurones par couches cachées et 1000 à 10000 itérations d'aprentissage. La performance de RNA est testée pour deux topologies différentes (Figure 23).

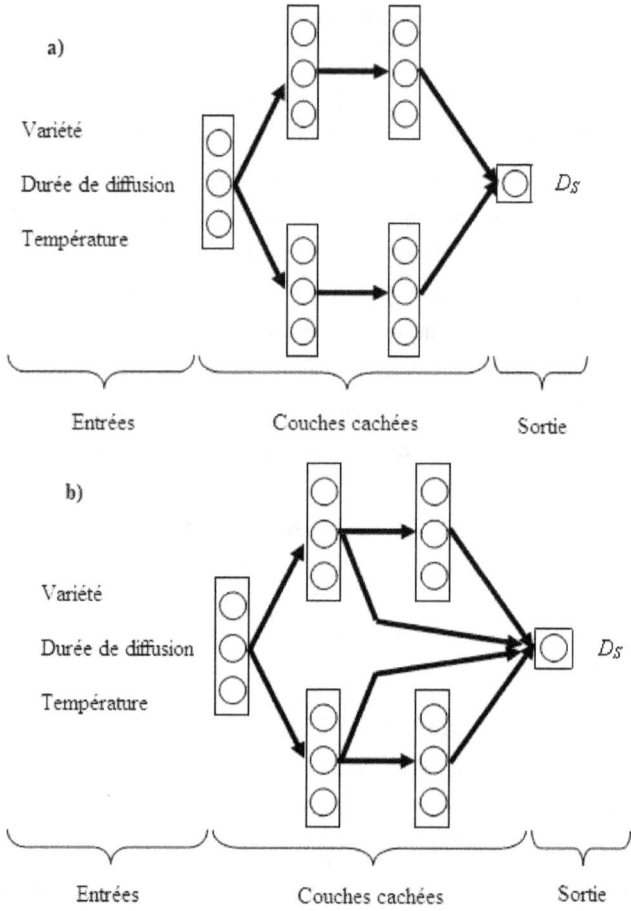

Figure 23: les topologies des réseaux de neurones testés: a) Topologie I, b) Topologie II

1.1. Apprentissage

Une fois l'architecture du RNA est définie, l'apprentissage est lancé et répété plusieurs fois afin d'obtenir les meilleures performances (Ochoa-Martinez & Ayala-Aponte, 2006). La règle est d'utiliser au moins 50% des

75

experiences à l'étape de l'apprentissage. Le reste est réparti pour la validation et le test. L'apprentissage, la validation et le test du modèle utilisent, respectivement, 81, 48 et 32 données experimentales ce qui représente 50, 30 et 20% de l'ensemble des données. L'étape de la validation est fortement recomandée pour arrêter l'étape de l'apprentissage.

1.2. Choix de la configuration optimale

Pour chaque problème spécifié, les paramètres de réseau de neurones suivants doivent être optimisés: le nombre de couches cachées, le nombre de neurones dans chaque couche cachée et le nombre d'itérations d'apprentissage. La configuration optimale est sélectionnée par rapport à la différence minimale entre la valeur prédite par le modèle et la valeur expérimentale (valeur désirée).

Les performances des différentes configurations RNA sont comparées en utilisant: la diférence des écarts au carrée (MSE) et le % d'erreur, le critère d'information d'Akaike (AIC), qui mesure le compromis entre la performance de la formation et de la taille du réseau et, le critère MDL (longueur minimale de déscription), qui est similaire à l'AIC en ce qu'il tend de combiner l'erreur du modèle avec le nombre de degrés de liberté pour déterminer le niveau de généralisation. L'objectif est de minimiser respectivement les termes AIC et MDL pour produire un réseau avec la meilleure généralisation. Le coefficient de détermination, R^2, de la droite de régression linéaire entre les valeurs prédites par le modèle de réseau de neurones et la sortie désirée a été également utilisé comme une mesure de performance. Les équations de MSE, AIC, MDL et R^2 utilisés pour comparer les performances des différentes configurations de RNA sont:

$$MSE = \frac{1}{n}\sum_{i=1}^{n}(C_D - C_P)^2 \tag{46}$$

$$AIC(k) = n\log(MSE) + 2k \tag{47}$$

$$MDL(k) = n\log(MSE) + 0.5k\log(n) \tag{48}$$

$$R^2 = \frac{RSS}{TSS} \tag{49}$$

n est le nombre des données d'apprentissage, C_D et C_P sont les valeurs de la concentration désirée (expérimentale) et prédite respectivement, k est le nombre des poids du réseau. Les coefficients RSS et TSS représentent la somme de regression au carré et la somme totale des carrés, sont définies comme suit:

$$RSS = \sum_{i=1}^{n} (f_i - \overline{f})^2$$

(50)

$$TSS = \sum_{i=1}^{n} (Y_i - \overline{Y})^2$$

(51)

$\overline{f}$ et $\overline{Y}$ sont les valeurs moyennes des données observés Y_i et prédits f_i.

2. Propriétés rhéologiques du sirop des dattes

2.1. Préparation du sirop des dattes

Trois variétés de dattes différentes utilisées à la prépération du sirop de dattes : *Menakher*, *Alligue* et *Lemsi*. La masse de dattes utilisée est dénoyée et broyée en une pâte homogène, placée dans un bécher de 1000ml et immergée ensuite par le volume d'eau approprié. Le rapport datte/eau varie entre 0,25 :0,75 ; 0,5 :0,5 ; 0,75 :0,25. Le sirop de dattes est obtenu par diffusion des sucres à partir des dattes vers l'eau chaude. Le procédé de diffusion dure 3 heures à une température fixe de 80°C en plaçant le bécher dans un bain marie (Lauda 100, Germany). La diffusion est opérée à différentes conditions opératoires selon le plan d'expérience Box-Behenken. Afin de mieux étudier l'effet de la concentration de sucre sur les propriétés rhéologiques du sirop de dattes on a choisit le sirop de dattes ayant la concentration la plus faible (17°Brix), les deux concentrations moyenne (24 et 31°Brix) et la concentration la plus élevée (39°Brix). Le tableau 9 résume les différentes conditions éxperimentales de production de ces sirops de dattes.

Tableau 9: Conditions expérimentales de la préparation du sirop de datte

Facteurs	Niveaux			
Variété de datte	*Menakher*	*Alligue*	*Lemsi*	*Menakher*
Rapport date/eau	*0,25*	*0,5*	*0,5*	*0,75*
Température (°C)	*80*			
Concentration obtenue (°Brix)	*17*	*24*	*31*	*39*

2.2. Les mésures rhéologiques :

Les propriétés rhéologiques des échantillons sont mesurées à 20, 40, 60 et 80°C à l'aide d'un rhéomètre cylindrique concentrique, Haake Rotovisco modèle RV20. Le rotor en acier inoxydable, MV2 (36,8 diamètere éxterieur et 60mm de longueur) est utilisé. Ceci a fourni un éspace annulaire de 2,6mm entre le rotor et la paroi du bécher. Le rhéometre est équipé d'un rhéocontrôleur qui permet un contrôle programmable de la vitesse de cisaillement appliquée à un ordre croissant à un taux linéaire de 0 à 100 s^{-1} pendant 2 min, suivi par une décroissance de contrainte à une vitesse de cisaillement constante de 100 s^{-1} pendant 10 min et enfin par un taux de cisaillement décroissant, linéairement, jusqu'à 0 s^{-1} pendant 2 min.

2.3. Analyse des données

Le taux de contrainte et le taux de cisaillement sont déterminés à partir du couple de la vitesse de rotation et de la géométrie du système. Le couple mécanique est transformé en taux de contrainte selon l'équation suivante (Steffe, 1992) :

$$\tau = \frac{1}{2}(\tau_c + \tau_b) = \frac{1}{2}\left[\frac{M}{2\pi h R_c^2} + \frac{M}{2\pi h R_b^2}\right] \tag{52}$$

$$\tau = \frac{M(1+\alpha^2)}{4\pi h R_c^2} \tag{53}$$

$$\alpha = \frac{R_c}{R_b} \tag{54}$$

Avec τ le taux de contrainte (Pa), τ_c le taux de contrainte au niveau du récipient (Pa), τ_b le taux de contrainte de l'outil de mesure « bob » (Pa) (Figure

24), R_c et R_b sont les rayons du récipient et du bob respectivement (m), h la hauteur du rotor (m) et M le couple (N m) (Figure 24).

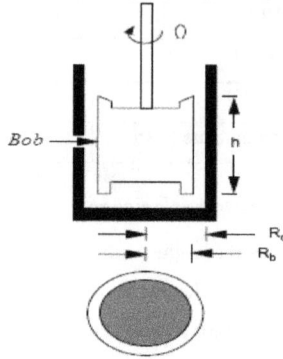

Figure 24: Rhéomètre concentrique typique

Le taux du cisaillement ($\gamma\ s^{-1}$) est calculé selon l'expression suivante (Steffe, 1992) :

$$\gamma = \frac{\Omega R_b}{R_c - R_b} = \frac{\Omega}{\alpha - 1}$$

(55)

Avec Ω est la vitesse angulaire du bob.

La viscosité apparente η_a peut être calculée en utilisant les deux paramètres de la loi de puissance :

$$\eta_a = m(\gamma)^{n-1} \tag{56}$$

L'effet de la température sur la viscosité apparente de la mélasse à un taux de cisaillemnt spécifique est décrit par la relation d'Arrhenius (Grigelmo, Ibarz, & Martin, 1999; Rao, Cooley, & Vitali, 1984; Saravacos, 1970):

$$\eta_a = \eta_0 exp\left({E_a}/{RT}\right) \tag{57}$$

Avec η_0 est le paramètre considéré comme étant la viscosité à une température infinie (Pa s), E_a est l'énergie d'activation (J/mol), R est la constante molaire des gaz parfaits (J/mol K), et T la température (K).

La variation de la viscosité, η_0, en fonction de la concetration peut être décrite par les équations 58 et 59.

$$\eta_0 = \delta(C)^{\varepsilon} \tag{58}$$

79

$$\eta_0 = \delta_1 exp(\varepsilon_1 C) \tag{59}$$

Avec δ (Pas $(\%)^{-\varepsilon}$), ε (adimentionnel), δ_1 (Pas)et $\varepsilon_1((\%)^{-1})$ sont des constantes.

La performance des modèles dérivés a été évaluée en utilisant différents paramètres statistiques tels que MSE, RSS, TSS et R^2.

3. *Modélisation du procédé de diffusion des sucres*

3.1. Dispositif expérimental

Le dispositif expérimental utilisé à la modélisation du procédé de diffusion est illustré à la figure 25. Un bécher de 1litre, équipé d'une turbine à palettes pour assurer le mouvemnt d'agitation est plongé dans un bain-marie afin de fournir la température nécessaire à la diffusion. Les mêmes variétés sont toujours utilisées (*Menakher, Lemsi* et *Alligue*). Ces variétés possèdent des différents coefficients de diffusion de sucre vu qu'ils ont des textures différentes (Trigui, Gabsi, Helal, & Barrington, 2010).

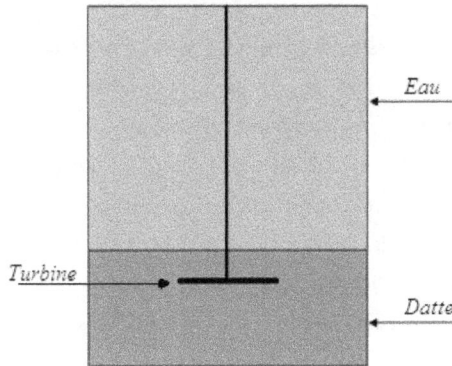

Figure 25: Illustration graphique du dispositif expérimentale

La masse des dattes est, au début, dénoyée et broyée ensuite placée dans le bécher avant d'être immergée avec le volume approprié d'eau. La température est fixée à 80°C et le procédé dure 3 heures. La teneur en sucre de tous les échantillons est dosée à l'aide de HPLC.

La pâte de dattes est agitée à l'aide de la turbine à palette et la vitesse d'agitation varie entre 0 et 100 rotations par minute (rpm). Le rapport solide/liquide utilisé varie entre 0,25 et 0,75 (Tabeau 10).

Tableau 10: Les facteurs du procédé de diffusion des sucres à partir des dattes et leurs niveaux

Facteurs	Niveaux		
	- (faible)	0 (moyen)	+ (élevé)
Variété de datte	*Menakher*	*Alligue*	*Lemsi*
Vitese d'agitation (rpm)	0	50	100
Raport Datte/Eau	0,25	0,5	0,75

3.2. Paln d'éxpérince

La méthode de réponse surfacique (Response Surface methodology, RSM) est une technique de modélisation empirique consacrée à estimer les interactions et les effets du second degré. Elle est utilisée pour déterminer les paramètres optimaux du procédé.

L'optimisation du procédé de diffusion de sucre à partir des dattes implique trois étapes majeures de l'exécution statistique des expériences telles que l'estimation des coefficients du modèle mathématique, la prédiction de la réponse et la vérification de l'adéquation du modèle. Le plan d'expérience Box-Behnken est choisi comme modèle d'expérience de cette étude. La variété des dattes ; la vitesse d'agitation et le rapport datte/eau sont considérés comme étant des entrées significatives de l'étude, ils sont désignés par X1, X2 et X3 respectivement. La concentration en sucre est considérée comme variable de sortie et elle est mesurée pour chaque essai. La valeur faible, moyenne et élevée de chaque variable d'entrée est designée respectivement par -, 0 et + (Tableau 10). Le plan d'expérience est représenté dans le tableau 11:

Tableau 11: Plan d'expérience du procédé de diffusion

Essai	Variété des dattes	Agitation (rpm)	Rapport Datte/Eau
1	Menakher	50	0,75
2	Lemsi	100	0,50
3	Alligue	50	0,50
4	Menakher	50	0,25
5	Alligue	50	0,50
6	Alligue	100	0,25
7	Alligue	0	0,25
8	Alligue	0	0,75
9	Menakher	100	0,50
10	Alligue	100	0,75
11	Alligue	50	0,50
12	Lemsi	50	0,75
13	Lemsi	50	0,25
14	Menakher	0	0,50
15	Lemsi	0	0,50

3.3. Procédure analytique

Les teneurs en sucre de tous les échantillons sont performées à l'aide de HPLC. L'échantillon du sirop de datte est analysé par injection à la colonne chromatographique d'échange ionique, équipée d'un détecteur d'indice de réfraction. Les paramètres d'analyse sont :

- Colonne: SUPEL COSIL LC-NH2, 25cm x 4.6mm I.D., 5µm particules.
- Phase mobile: acétonitrile : eau (75 : 25)
- Débit: 1ml/min.
- Injection: 10µl, 150µg chaque sucre.

3.4. Modèle des éléments finis

3.4.1. Déscription du modèle

L'extraction des sucres à partir des dattes est considérée comme un transfert massique à travers un milieu poreux (Datta, 2007). La diffusion du sucre est due à la capillarité, le gradient de concentration, le gradient de température ou une combinaison de ces facteurs. Dans le chauffage intense, la pression dirige le flux en raison de l'évaporation interne qui peut être l'effet dominant (Gabsi, Trigui, Helal, Barrington, & Taherian, 2013). Le procédé d'extraction du sucre est supposé se dérouler selon un mécanisme de diffusion dans lequel de l'eau remplace le sirop de datte en contre-courant des deux phases. L'approache Eulérienne à deux phases est utilisée pour modéliser le transfert du sucre-eau. Les propriétés des deux phases sont données dans le tableau 12.

3.4.2. Equations et hypothèses

Les équations ajustées de cette aproache sont dérivées des équations fondamentales de conservation de chaque phase qui décrivent le mouvement du sucre et de l'eau.

a. Conservation de masse

La description du flux multiphasique en interpénétration continue intègre le concept de la fraction volumique α_q.

$$\frac{\partial}{\partial t}\left(\alpha_q \rho_q\right) + \nabla\left(\alpha_q \rho_q \overrightarrow{v_q}\right) = \sum_{p=1}^{n}(\dot{m}_{pq} - \dot{m}_{qp}) + S_q \qquad (60)$$

Avec $\overrightarrow{v_q}$ la vitesse de la phase q et $\dot{m}_{pq}$ caractérise le transfert de masse de la phase p à la phase q et S_q désigne le terme source.

b. Conservation du Movement

Modèle général

En milieu poreux, l'équation générale de conservation du mouvement est donnée par la loi de Darcy :

$$q = \frac{-k}{\mu}\nabla P \qquad (61)$$

Avec q est le flux, k est l'aire de la section du flux, μ est la viscosité et ∇P est le gradient de la pression.

Le flux total du sucre, $\vec{n}_s$ est composé de la convection du flux de Darcy et de la diffusion:

$$\vec{n_s} = \underbrace{- \rho_s \frac{k_s}{\mu_s} \nabla P}_{\substack{\text{Flux dû à la} \\ \text{pression du} \\ \text{gaz}}} \underbrace{- D_c \frac{\partial c_s}{\partial s} - D_T \frac{\partial T}{\partial s}}_{\substack{\text{Flux dû à la pression capillaire :} \\ \text{La pression capillaire est fonction} \\ \text{de la concentration et la} \\ \text{température.}}} \tag{62}$$

$$\frac{\partial c_s}{\partial t} + \nabla.(\vec{n_s}) = \dot{\imath}$$

$$\frac{\partial c_w}{\partial t} + \nabla.(\vec{n_w}) = -\dot{\imath}$$

À basse température, la capillarité est le premier mode de transport des composants, la variation de la température peut être ignorée et l'évaporation est non significative ($\dot{\imath} = 0$) (Gabsi, Trigui, Helal, Barrington, & Taherian, 2013)

$$\frac{\partial c_s}{\partial t} + \nabla.(\vec{n_s}) = 0 \tag{63}$$

$$\vec{n_s} = - \rho_s \frac{k_s}{\mu_s} \nabla P_w \tag{64}$$

$$\vec{n_s} = - \rho_s \frac{k_s}{\mu_s} \nabla (P - P_c) \tag{65}$$

Avec P_w est la pression d'eau, P est la pression du gaz et P_c est la pression capillaire.

En absence du chauffage intense, la pression à l'intérieur du matériau reste égale aux conditions atmosphériques, ainsi $P_c \gg P$, l'équation 65 devient:

$$\vec{n_s} = - \rho_s \frac{k_s}{\mu_s} \nabla P_c \tag{66}$$

l' Eq. 66 peut être écrite:

$$\frac{\partial c_s}{\partial t} + \nabla.\left(\rho_s \frac{k_s \rho_s g}{\mu_s} \nabla h \right) = 0 \tag{67}$$

Ainsi cette équation est réécrite telle que:

$$\frac{\partial c_s}{\partial t} - \nabla.(D_s \nabla C_s) = 0 \tag{68}$$

Où le coefficient de diffusion D_s reste égale à la diffusivité capillaire donnée par l'équation suivante:

$$D_s = -\rho_s^2 \frac{k_s g}{\mu_s} \frac{\partial h}{\partial C_s} \tag{69}$$

Contrairement au chauffage intense et à l'écoulement laminaire, en raison de l'effet combiné du gradient de la concentration et de la température, le flux d'écoulement de la phase sucre:

$$C_s = \rho_s M \tag{70}$$

$$D_{s,m} \nabla C_s = D_{s,m} \nabla(\rho_s M) \tag{71}$$

$$D_{s,m} \nabla C_s = \rho_s \, D_{s,m} \nabla M \tag{72}$$

$$\vec{n_s} = -\rho_s D_{s,m} \nabla M - D_{T,s} \frac{\nabla T}{T} \tag{73}$$

Avec, M est la fraction molaire du mélange (sucre et eau), $D_{s,m}$ et $D_{T,s}$ sont, respectivement, le coefficient de diffusion massique du sucre dans le mélange et le coefficient de diffusion thermique.

L'équation 70 est strictement juste si la composition du mélange ne change pas ou si $D_{s,m}$ est indépendant de la composition. C'est une approximation acceptable seulement pour les mélanges dilués où $C_s \ll 1$.

$$D_{s,m} = \frac{1 - C_s}{\sum \frac{C_w}{D_s}} \tag{74}$$

En raison de l'effet combiné du gradient de concentration et de la température du flux saturé au flux insaturé, le transfert du sucre en chauffage intense et à l'agitation est considéré comme étant un flux turbulent et l'équation 70 est remplacée par l'équation suivante:

$$\vec{n_s} = -\left(\rho_s D_{s,m} + \frac{\mu_t}{Sc_t}\right) \nabla M - D_{T,s} \frac{\nabla T}{T} \tag{75}$$

Où μ_t est la viscosité et Sc_t est le nombre effectif du Schmidt pour le flux turbulent:

$$Sc_t = \frac{\mu_t}{\rho D_t} \tag{76}$$

D_t est le coefficient de la diffusion massique effective due à la turbulence.

c. Conservation de l'énergie

La conservation de l'énergie est décrite par l'équation suivante :

$$\frac{\partial}{\partial t}(\rho E) + \nabla.\left(\vec{v}(\rho E + p)\right) = -\nabla.\left(k_{eff} \nabla T - \sum h_s \vec{S_s} + \left(\bar{\bar{\tau}}_{eff}.\vec{v}\right)\right) \tag{77}$$

Où h_s est l'enthalpie spécifique de la phase de sucre et $\vec{S}_s$ est le flux de chaleur.

En milieu poreux, le flux de conduction utilise une conductivité effective et l'expression transitoire comprend l'inertie thermique de la région solide de la matrice :

$$\frac{\partial}{\partial t}\left(\gamma \rho_f E_f + (1-\gamma)\rho_s E_s\right) + \nabla.\left(\vec{v}\left(\rho_f E_f + p\right)\right) = \nabla.\left[k_{eff}\nabla T - \right.$$
$$\left(\sum h_s \vec{S}_s\right) + (\overline{\overline{\tau}}.\vec{v})] + S_f^h \tag{78}$$

Où E_f est l'énergie totale du fluide, E_s est l'énergie totale du milieu solide, γ est la porosité, k_{eff} est la conductivité thermique effective et S_f^h le terme source de l'enthalpie du fluide.

d. Échange d'énergie cinétique interfaciale:

La force interphasique la plus importante est la force de frottement agissant sur les bulles qui a résulté de la vitesse relative moyenne entre les deux phases et la contribution supplémentaire provenant des fluctuations turbulentes de la fraction volumique due à la moyenne de l'équation du mouvement (FLUENT 6.3., 2006). D'autres forces telles que la force « lift » et la force de masse peuvent également être importantes dans le gradient de vitesse du liquide environnant, et l'accélération de bulles. Ces forces ainsi que la fluctuation turbulente de la fraction volumique de la force de frottement n'ont pas été incluses dans la présente supposition. Le coefficient d'échange est donné par l'équation suivante:

$$K_{sw} = \frac{\alpha_s \alpha_w \rho_w f}{\tau_p} \tag{79}$$

Où f, est la fonction de frottement qui est définie différemment pour les différents modèles du coefficient d'échange (décrit par la suite) et τ_p, "le temps de relaxation des particules", défini par:

$$\tau_p = \frac{\rho_w d_w^2}{18\mu_s} \tag{80}$$

Pour calculer le coefficient de frottement, la relation standard de Schiller et Naumann est utilisée (Ishii & Zuber, 1979):

$$f = \frac{C_D Re}{24} \tag{81}$$

Où

$$C_D = \begin{cases} \dfrac{24\left(1+0.15Re^{0.687}\right)}{Re} & Re \leq 1000 \\ 0.44 & Re > 1000 \end{cases} \tag{82}$$

Et Re est le nombre relatif de Reynolds. Re de la phase eau (w) et la phase sucre (s) est obtenu à parir de la relation suivante:

$$Re = \frac{\rho_s |\vec{v}_w \vec{v}_s| d_w}{\mu_s} \tag{83}$$

Cependant, cette corrélation de frottement de base s'applique à des bulles se déplaçant dans un liquide plat et non pas pour des bulles dans un liquide en mouvement turbulent. Dans cette étude, une loi de frottement modifiée qui tient compte de l'effet de la turbulence est utilisée. Elle est basée sur un terme de viscosité modifiée dans le nombre relatif de Reynolds (Bakker & Van den Akker, 1994):

$$Re = \frac{\rho_s |\vec{v}_w \vec{v}_s| d_w}{\mu_s - C_{\mu t,s}} \tag{84}$$

C est le paramètre du modèle introduit pour tenir compte de l'effet de la turbulence à la réduction de la vitesse de glissement.

e. Conditions initiales et aux limites

Le réservoir de diffusion comprend trois zones représentant respectivement la région de turbine, la région où les dattes sont initialement situées et la région de la phase eau. Il n'y a pas de conditions qui doivent être spécifiées pour les deux dernières zones, par conséquent, seules les conditions dans la zone représentant la turbine doivent être réglées. La turbine est considérée solide en mouvement ayant une vitesse angulaire (0, 50 ou 100 rpm).

La température des parois du réservoir est maintenue à 80°C :

$$T = T_{paroi} = 80°C, V_r = 0, V_z = 0$$

Pour $0 \leq z \leq H$ pour $r = R$

Les conditions de symétrie axiale, sont appliquées pour cette simulation pour réduire le temps de résolution.

La valeur initiale de la fraction volumique de sucre à la phase eau $\left(\alpha_{s,w}\right)$ est:

$t = 0, \alpha_{s,w} = 0$

La valeur initiale de la fraction volumique de sucre à la phase datte $(\alpha_{s,d})$ dépend de la variété étudiée:

Variété Menakher: $t = 0, \alpha_{s,d} = 0.54$

Variété Lemsi: $t = 0, \alpha_{s,d} = 0.58$

Variété Alligue: $t = 0, \alpha_{s,d} = 0.80$

f. Taux de diffusion massique du sucre

Le coefficient de diffusion du sucre de la phase datte à la phase eau est calculée en se basant sur le modèle de réseaux de neurones modulaire devéloppé (MFF) (Trigui, Gabsi, Helal, & Barrington, 2010). Une fonction définie par l'utilisateur (UDF) est utilisée pour lire le coefficient de diffusion du sucre à partir du fichier de sortie du modèle de réseaux de neurones (MFF).

3.4.3.   Propriétés des phases

Le tableau 12 montre les expressions et les valeurs des propriétés de la phase datte et eau. L'expression et la valeur de la viscosité du sirop de datte est déterminée en se basant sur le modèle rhéologique du sirop de dattes (Gabsi, Trigui, Barrington, Helal, & Taherian, 2013).

Tableau 12: Propriétés de deux phases du modèle de diffusion

Propriétés	Valeur / Expression	Unité
Sirop de Dattes		
Viscosité	$m\gamma^{n-1}$	
Température de référence	298.11	K
Viscosité Charactéristique	0.012	kg/ms
Paramètre du taux du cisaillement,	1.561	-
n	3280	j/kgK
Chaleur spécifique (Cp)	0.0454	w/mK
Conductivité thermique (k)	1.08	kg/m^3
Densité		
Eau	4182	j/kgK
Chaleur spécifique (Cp)	$-2.85\ 10^8$	j/kgmol
Enthalpy standard	298.11	K
Température de référence		

3.4.4. *Méthode numérique*

La réalisation de simulation des résolutions numériques est basée sur les formulations mathématiques précédement présentées. Un modèle axisymétrique bidimensionnel est développé. En utilisant le logiciel Gambit 2.2.30, un maillage quadratique de 3876 cellules est employé pour la fraction massique des espèces, de la vitesse, de la température et du gradient de pression aux couches limites et au niveau de l'aliment induit par l'effet du chauffage, la diffusion et la redirection de flux. Le maillage utilisé pour ce modèle est présenté à la figure 26. Le logiciel Fluent 6.3 est utilisé pour résoudre les équations. Les résidus sont fixés à 10^{-3} pour toutes les variables et la mesure unitaire du temps est fixée à 10^{-3}s afin d'assurer la stabilité. Le temps d'exécution pour t=300s est approximativement 60s pour un Pentium 4 avec deux processeurs de 3.02GHz et de mémoire (RAM) 1GB exécutant windows XP professionnel.

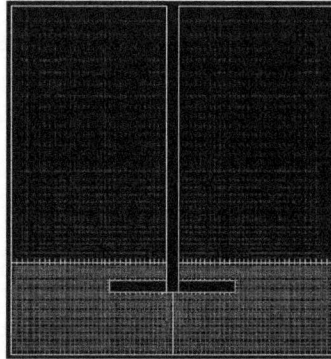

Figure 26: Maillage utilisé au dévéloppement du modèle des éléments finis du procédé de diffusion

3.4.5. *Validation*

Les procédures de cette étape sont validées par comparison de la variation de la fraction volumique d'un point médian au niveau de la phase de datte, en fonction du temps, dans le réservoir avec des résultats expérimentaux. Aussi, le contour de la fraction volumique est illustré et interprété.

4. Modélisation du procédé de bioconversion de glucose en fructose

4.1. Protocole expérimental

4.1.1. Microorganisme et milieu de culture

Le microorganisme utilisé est *E. Coli* K12. Le milieu de culture est le milieu Lauria Broth (LB) contenant 1% du tryptone, 0,5% d'extrait de levure et 1% du NaCl. Le pH est ajusté à 7,2.

4.1.2. Préparation d'inoculum et conditions de culture

Des colonies d'*E. Coli* K12 sont inoculées dans un Erlenmeyer de 250 ml, contenant un boullion nutritif (BN) (Annexe 1), à l'aide d'une anse de métal. L'Erlenmeyer est conservé pendant une nuit à une température de 37°C et le pH est ajusté à 7,2. Cette étape permet d'obtenir de la biomasse bactérienne en phase de croissance exponentielle prête à la conversion du glucose en fructose durant la phase d'induction.

4.1.3. Plan d'expérience et taux de bioconversion du glucose

Le plan d'expérience du type Box-Benken est appliqué pour étudier les effets d'interaction des variables: concentration initale en glucose du sirop de datte, temps d'induction et biomasse (volume inoculé) vis-à-vis du taux de bioconversion du glucose en fructose.

Chaque facteur du plan d'expérience est étudié à trois niveaux : -1, 0 et +1 (Tableau 13).

Tableau 13: Les facteurs du procédé de bioconversion du glucose en fructose et leurs niveaux

Facteurs	Niveaux		
	- (faible)	0 (moyen)	+ (élevé)
Concentration initiale du glucose (g/l)	0,14	0,242	0,463
Biomasse (ml)	100	120	150
Durée d'incubation (mn)	60	120	180

4.2. Modèle mathématique

4.1.1. Modèle cinétique

Les données expérimentales de la croissance bactérienne, la production du fructose, la consommation du glucose et l'absorption de l'oxygène ont été ajustés par différents modèles cinétiques en appliquant la méthode d'ajustement non linéaire des moindres carrés. Le logiciel Table Curve 2D est utilisé et sa performance de prédiction est vérifiée selon la valeur du coefficient de determination R^2 (Table Curve software, 2002). Cette étape nous permet de déterminer le modèle qui décrit mieux les modèles cinétiques des différentes étapes. Les équations utilisées sont : le modèle de Monod (Eq. (85)), Teissier (Eq. (86)), Contois (Eq. (87)), le modèle logistique (Eq. (88)) et Luedeking-Piret (Eq. (89)):

$$\mu = \mu_{max} \frac{S}{S+K_M} \tag{85}$$

$$\mu = \mu_{max}\left(1 - e^{S/k}\right) \tag{86}$$

$$\mu = \mu_{max} \frac{S}{S+K_C x} \tag{87}$$

$$\mu = \mu_{max}\left(1 - \frac{x}{x_{max}}\right) \tag{88}$$

$$\frac{\partial S}{\partial t} = -x\left(\frac{\mu}{Y_{xS}} + \frac{q_{CO2}}{Y_{CS}} + m_s\right) \tag{89}$$

Avec :

μ taux spécifique de la croissance bactérienne, μ_{max} taux spécifique maximal de croissance, K_M le paramètre du modèle du Monod, S concentration du substrat, k le paramètre du modèle de Teissier, K_C parmètre du modèle de Contois, x concentration de la biomasse, x_{max} constante de la biomasse de saturation, Y_{xS} taux de biomasse à partir du glucose , q_{CO2} taux spécifique de production du CO_2, Y_{CS} taux du CO_2 à partir du glucose, m_s coefficient du maintenace.

a. La croissance bactérienne

L'examination des données expérimentales montre que la croissance bactérienne est décrite mieux par le modèle logistique (Eq.(88)).

La fome integrée de l'équation (88), en utilisant $x = x_0$ et à $t = 0$, donne une variation sigmoïde de x en fonction de t qui peut représenter à la fois les phases exponentielle et stationnaire (Eq.(90)) :

$$x = \frac{x_0 e^{\mu_{max}t}}{[1-(x_0/x_{max})(1-e^{\mu_{max}t})]} \tag{90}$$

Le réarrangement de cette équation donne :

$$ln\frac{x}{(x_{max}-x)} = \mu_{max}t - ln\left(\frac{x_{max}}{x_0} - 1\right) \tag{91}$$

b. Production du fructose

La cinétique de production du fructose est basée sur le modèle de Luedeking-Piret (Eq. (89)). Selon ce modèle, le taux de formation du fructose est fonction à la fois de la concentration instantanée de la biomasse, x, et le taux de croissance, $\partial x/\partial t$, d'une manière linéaire :

$$\frac{\partial F}{\partial t} = \alpha\frac{\partial x}{\partial t} + \beta x \tag{92}$$

α et β sont les constantes de formation du fructose (F) qui varient selon les conditions de la fermentation. L'avantage d'un tel modèle est qu'il permet de déterminer la valeur de β à partir des données de la phase stationnaire. A cette phase, $\frac{\partial x}{\partial t} = 0$ et $x = x_m$, par conséquent β peut être déterminée en se basant sur l'équation suivante :

$$\beta = \frac{(\partial F/\partial t)}{x_{max}} \tag{93}$$

Pour exprimer F en fonction du temps, l'équation (92) se réarrange de la manière suivante :

$$\partial F = \alpha\partial x + \beta \int x(t)\partial t \tag{94}$$

L'intégration de l'équation (94), en utilisant l'équation (90) pour $x(t)$ avec $F = 0$ à $t = 0$, permet d'exprimer le taux de formation du fructose tel que :

$$F = \alpha x_0\left(\frac{e^{\mu_{max}t}}{(1-(x_0/x_{max})(1-e^{\mu_{max}t}))} - 1\right) + \beta\frac{x_{max}}{\mu_{max}}ln\left(1 - \frac{x_0}{x_{max}}(1 - e^{\mu_{max}t})\right) \tag{95}$$

β est déterminée à l'aide de l'équation (93). L'équation (95) est réécrite de la manière suivante :

$$F = \alpha A(t) + \beta B(t) \tag{96}$$

Avec :

$$A(t) = x_0 \left(\frac{e^{\mu_{max}t}}{(1-(x_0/x_{max})(1-e^{\mu_{max}t}))} - 1 \right) \tag{97}$$

$$B(t) = \frac{x_{max}}{\mu_{max}} ln \left(1 - \frac{x_0}{x_{max}}(1 - e^{\mu_{max}t}) \right) \tag{98}$$

c. Consommation du glucose

L'équation de la consommation de glucose (G) donnée ci-dessous est une équation du type Luedeking-Piret-like dans laquelle la quantité du substrat, source du carbone, utilisée pour la formation du produit est supposée négligeable.

$$-\frac{\partial G}{\partial t} = \gamma \frac{\partial x}{\partial t} + \delta x \tag{99}$$

$$\gamma = \frac{1}{Y_{x/G}} \tag{100}$$

$$\delta = m_G \tag{101}$$

γ et δ sont évalués par la même méthode indiquée à la cinétique de formation du fructose.

À la phase stationnaire, $\partial x / \partial t = 0$ et $x = x_m$. Cependant, δ peut être obtenue en utilisant l'équation suivante:

$$\delta = \frac{(-(\partial G/\partial t))}{x_{max}} \tag{102}$$

Afin d'évaluer γ, l'équation (99) est réarrangée :

$$-\partial G = \gamma \partial x + \delta \int x(t)\partial t \tag{103}$$

L'intégration de cette équation donne :

$$G = G_0 - \gamma x_0 \left(\frac{e^{\mu_{max}t}}{(1-(x_0/x_{max})(1-e^{\mu_{max}t}))} - 1 \right) - \delta \frac{x_{max}}{\mu_{max}} ln \left(1 - \frac{x_0}{x_{max}}(1 - e^{\mu_{max}t}) \right)$$
$$\tag{104}$$

Avec $G = G_0$ à $t = 0$

L'équation (104) est réécrite à la forme suivante :

$$G = G_0 - \gamma C(t) - \delta D(t) \tag{105}$$

Où :

$$C(t) = x_0 \left(\frac{e^{\mu_{max}t}}{(1-(x_0/x_{max})(1-e^{\mu_{max}t}))} - 1 \right) \qquad (106)$$

$$D(t) = \frac{x_{max}}{\mu_{max}} ln \left(1 - \frac{x_0}{x_{max}} (1 - e^{\mu_{max}t}) \right) \qquad (107)$$

d. Absorption d'oxygène

Le bon accord entre le taux de consommation du glucose expérimental et calculé a suggéré que la consommation d'oxygène pourrait aussi être décrite par une équation Luedeking-Piret-like. Le taux d'absorption d'oxygène volumétrique est la somme des taux de consommation d'oxygène pour l'entretien et pour la croissance cellulaire des cellules. L'oxygène utilisé à la formation du fructose est supposé négligeable.

$$r_{O_2} = \lambda \frac{\partial x}{\partial t} + \phi x \qquad (108)$$

Où $\lambda = 1/Y_{O_2}^{max}$ et $\phi = m_O$, sont les paramètres de l'absorption de l'oxygène qui correspondent respectivemnt à la croissance globale des bactéries et à la non croissance.

La substitution de l'équation (88) dans l'équation (108) donne le taux d'absorption d'oxygène qui est simplement proportionel à la concentration de la biomasse :

$$r_{O_2} = \lambda \mu_m \left(1 - \frac{x}{x_m} \right) x + \phi x \qquad (109)$$

L'intégration de l'équation (90) à l'expression de l'équation (109) donne l'équation finale pour calculer le taux d'absorption d'oxygène :

$$r_{O_2} = \frac{x_0 e^{\mu_{max}t}}{(1-(x_0/x_{max})(1-e^{\mu_{max}t}))} \times \left(\lambda \mu_m \left(1 - \frac{x_0}{x_{max}} \frac{e^{\mu_{max}t}}{(1-(x_0/x_{max})(1-e^{\mu_{max}t}))} \right) + \phi \right)$$
$$(110)$$

4.1.2. Modèle des éléments finis:

Pour calculer le taux de bioconversion de glucose dans un bioréacteur à profil tridimentionnel avec des conditions initiales différentes, un Code commercial CFD (Computational fluid dynamics) Fluent a été utilisée pour résoudre les équations de Navier-Stokes.

Dans le présent travail, le modèle multiphase Eulerian est utilisé pour modéliser l'écoulement multiphasique dans le bioréacteur agité.

a. *Équations et hypothèses :*

Les équations régissant l'écoulement multiphasique fluide peuvent être considérées comme des formulations mathématiques des lois de conservation de la mécanique des fluides qui résultent des équations de Navier-Stokes.

✓ *La conservation du movement :*

L'équation de conservation du mouvement à temps moyen s'exprime de la manière suivante :

$$\frac{\partial}{\partial t}(\alpha_p \rho_p \, U_p) + \nabla(\alpha_p \rho_p U_p U_p) = -\alpha_p \nabla P + \alpha_q p_q \, g + \nabla.(\alpha_p \overline{\tau}_p) + F_{p,p} - $$
$$\nabla.(\alpha_p \rho_p \overline{U'_p U'_p}) \tag{111}$$

Où $\overline{\tau}$ est le tenseur de la contrainte de deformation de la phase p, F_p est la force du corps externe, P est la pression, g est l'accélération gravitationnelle, $F_{p,p}$ est la force d'interaction entre les phases and U'_p représente la fluctuation de la vitese.

La variable α_p indique la fraction volumique de la phase p $(p = F$ or $G)$. Ce ci obéit à l'équation des fractions volumique:

$$\alpha_F + \alpha_G = 1 \tag{112}$$

Le terme additionnel, $\nabla(\alpha_p \rho_p \overline{U'_p U'_p})$, à l'équation (111) représente la contribution turbulente du tenseur de contraintes.

Le modèle standard $k-\varepsilon$ d'écoulement turbulent est utilisé. Deux équations additionnelles de l'énergie cinétique turbulente k et le taux de dissipation d'énergie ε pour chaque phase sont introduites.

✓ *La conservation de masse :*

$$\frac{\partial}{\partial t}(\alpha_q \rho_q) + \nabla(\alpha_q \rho_q U_q) = \sum_{p=1}^{n}(\dot{m}_{pq} - \dot{m}_{qp}) + S_q \tag{113}$$

Où $\overrightarrow{v_q}$ est la vitesse de la phase q, $\dot{m}_{pq}$ caractérise le transfert de masse de la phase p à la phase q, $\dot{m}_{qp}$ caractérise le transfert de masse de la phase q à la phase p et S_q le terme source.

Pour un système gaz-liquide appliqué en Batch, l'équation (113) s'écrit à la forme généraale suivante:

$$\frac{\partial}{\partial t}(\alpha_p \rho_p) + \nabla(\alpha_p \rho_p \, U_p) = S_p \tag{114}$$

Dans le but de prédire les concentrations des différents éléments dans le bioréacteur, la phase p à l'équation (113) peut représenter la biomasse (X), le substrat (glucose,G), le produit (fructose, F) et l'oxygène (O_2).

✓ *Échange d'énergie cinétique interfaciale:*

Les forces interphasiques les plus dominantes ainsi que le système d'équations qui s'engendrent sont les mêmes que précédemnt présentés à la section du modèle des élements finis du procédé de diffusion (Chapitre 3, section 3.4.2.d).

✓ *Conditions initiales et aux limites :*

Le bioréacteur comprend trois zones représentant respectivement la région de turbine, la région où la biomasse est initialement située, et la région de la phase sucre. La turbine est considérée comme domaine solide les deux zones considérées comme fluides. La turbine est considérée comme maille en mouvement. Son mouvement est simulé par la précision de sa vitesse angulaire qui varie entre 0, 50 et 100 rpm.

La température des parois du Bioréacteur est maintenue à 37°C :

$$T = T_{paroi} = 37°C, V_r = 0, V_z = 0$$

For $0 \leq z \leq H$ pour $r = R$

La valeur initiale de la fraction volumique du glucose et du fructose dans la phase sucre$(\alpha_{g,s}$ et $\alpha_{f,s})$ dépend du sirop des dattes utilisé :

Sirop 1: $t = 0$, $\alpha_{g,s} = 0{,}463$; $\alpha_{f,s} = 0{,}0255$

Sirop 2: $t = 0$, $\alpha_{g,s} = 0{,}242$; $\alpha_{f,s} = 0{,}0616$

Sirop 3: $t = 0$, $\alpha_{g,s} = 0{,}14$; $\alpha_{f,s} = 0{,}0237$

b. Propriétés des phases

Les paramètres réactionnels du modèle cinétique sont présentés dans le tableau 14. Les valeurs de ces paramètres sont tous déduites à partir des données expérimentales. Selon les précédents travaux (Nikov, Doneva, & Vasssilieff, 1988), l'effet du substrat et du produit sur la densité du milieu de bioconversion est negligeable. La densité est donc supposée constante et elle est égale à celle de la phase biomasse. La viscosité est représentée par la viscosité effective selon le concept de Metzner (Elqotbi, Vlaev, Montastruca, & Nikova, 2013). En écoulement turbulent, la viscosité effective est determinée telle que :

$$\eta_e = \eta + \eta_t \tag{115}$$

Où η est la viscosité moléculaire et η_t est la viscosité turbulente, determinée par l'équation du modèle $k - \varepsilon$:

$$\eta_t = C_{\mu\rho L}k^2/\varepsilon_L \tag{116}$$

Tableau 14: Propriétés du modèle cinétique de la bioconversion

Paramètre	Valeur
μ_{max} (h^{-1})	0,86
x_{max} (g poids sec /l)	9,53
α	0,96
β	0,016
$Y_{x/G}$ (g cellule/g glucose)	1,2
m_G (g glucose/g cellule.h)	0,0566
λ (h^{-1})	0,503
ϕ (h^{-1})	0,573

c. Interaction des phases

La réaction de bioconversion du glucose en fructose est introduite au modèle à l'aide d'une fonction définie par l'utilisateur (UDF). L'UDF est une commande écrite en langage C en utilisant les fonctions standard de ce langage ainsi que les macros prédéfinies de Fluent et qui peuvent être liées de manière dynamique avec le solveur.

d. Méthode Numérique

La réalisation de simulation des résolutions numériques est basée sur les formulations mathématiques précédement présentés. Un modèle tridimensionnel est dévéloppé. En utilisant le logiciel Gambit 2.2.30, un maillage tétraédrique de 504000 cellules est employé pour calculer les fractions massiques des composants et la vitesse, aux couches limites et au niveau du substrat. Ces fractions résultent de l'interaction des phases et la redirection du flux est causée par l'agitation. Le maillage utilisé pour ce modèle est présenté à la figure 27. Le logiciel Fluent 6.12 (version parallèle) est utilisé pour résoudre les équations. Les résidus sont fixés à 10^{-3} pour toutes les variables et la mesure unitaire du temps est fixée à 10^{-3}s afin d'assurer la stabilité. La résolution est réalisée avec un Pentium 4 avec deux processeurs de 3.02GHz et de mémoire (RAM) 1GB exécutant windows XP professionnel.

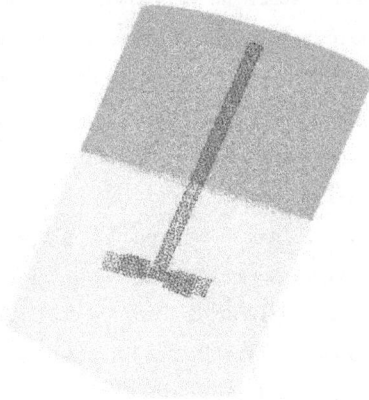

Figure 27: Maillage utilisé au dévéloppement du modèle des éléments finis du procédé de bioconversion

e. Validation:

Les procédures de cette étape sont validées par comparaison de la variation de la fraction volumique d'un point médian au niveau de la phase de datte, en

98

fonction du temps, dans le réservoir avec des résultats expérimentaux. Aussi, le contour de la fraction volumique est illustré et interprété.

5. *Modélisation du procédé de séparation chromatographique*

5.1. Dispositif expérimental

Nous avons mis au point un dispositif expérimental de séparation des sucres à partir du sirop des dattes qui est schématisée à la figure 28. Il se compose de quatre colonnes connecté en série. Chaque colonne mesure 1000 mm de longueur et 25 mm de diamètre intérieur et possédant deux entrées et deux sorties permettant l'injection, de bas en haut, de l'alimentation ou l'éluant et la récupération du l'extrait ou le raffinat. L'écoulement des fluides à travers le différentes composantes du système est assuré à l'aide d'une pompe à piston rotatif (pression maximale 7 Bar). Le système est commandé automatiquement par un automate programmable relié d'une part à l'ordinateur et d'autre part aux éléctrovannes installées aux entrées et aux sorties des 4 colonnes.

Les colonnes sont remplies de la résine cationique Dowex Monophere 99Ca /320. Cette résine a un diamètre moyen des particules $320 \mu m$, chargée en Ca^{2+}, une capacité d'échange de 1.5eq/ l.min et tolère une température du sirop jusqu'à 70°C. Le complexe d'échange cationique (polystyrène-divinylbenzène) favorise l'adsorption des molécules du fructose par le moyen des ions Ca^{2+}. Il s'établit ainsi un complexe faible (Ca^{2+} - fructose) ce qui va retarder la vitesse d'écoulement du fructose par rapport au glucose. La fraction la plus riche en glucose sera collectée en premier temps. L'éluant (l'eau désionisée) sera par la suite injectée, il favorise la libération du fructose adsorbée et accélère de nouveau sa vitesse d'écoulement. La fraction collectée en ce deuxième temps est plus riche en fructose.

5.2. Plan d'expérience

Le plan d'expérience appliqué est du type Box-Behnken. La concentration intiale de sucre, le débit d'alimentation et la température du sirop de dattes sont considérés comme des variables significatives à cette étape. La grille de différentes expériences est présentée dans le tableau 15. La concentration en fructose et glucose des différentes fractions collectées est analysée.

Tableau 15: Les facteurs du procédé de séparation chromatographiques des sucres et leurs niveaux

Facteurs	Niveaux		
	- (faible)	0 (moyen)	+ (élevé)
Concentration de sucre (%)	20	35	50
Débit volumique (ml/min)	2	7	12
Température du sirop (°C)	25	47,5	70

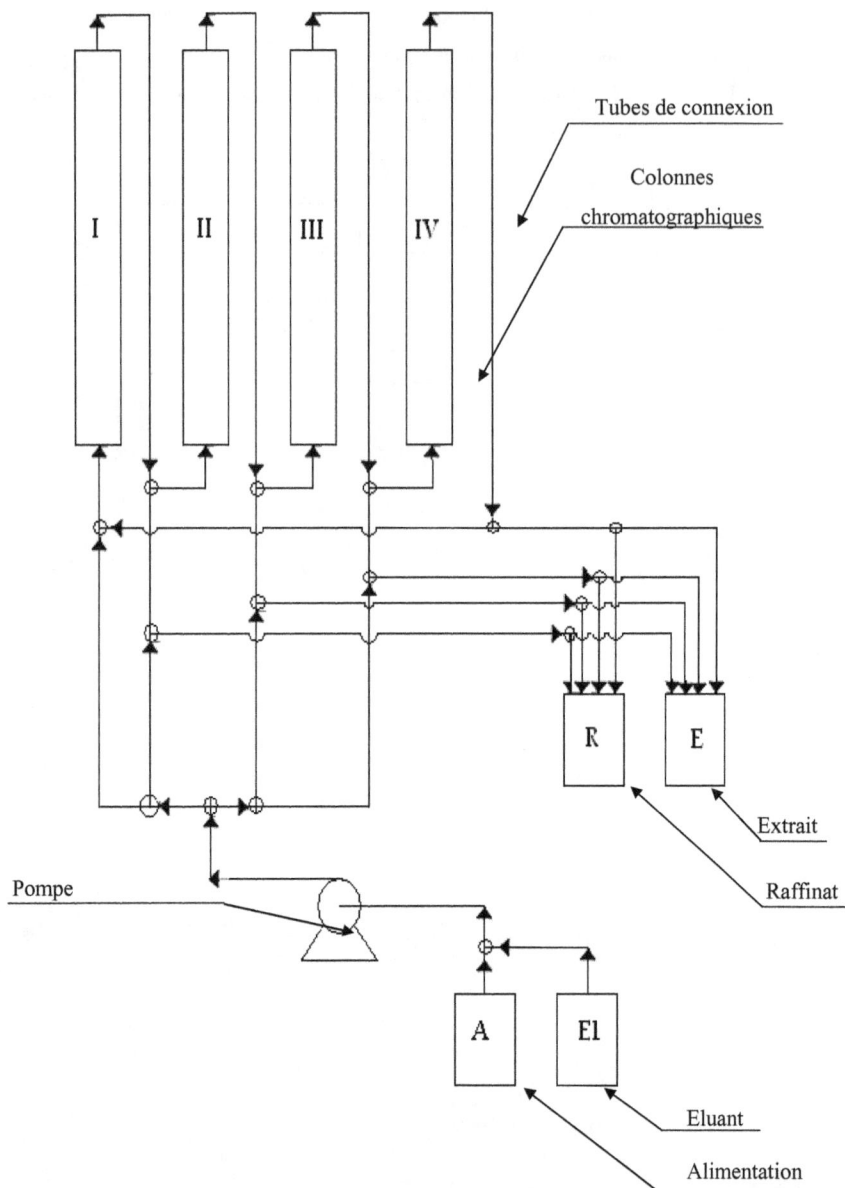

Figure 28: Schéma de l'unité chromatographique de séparation des sucres

5.3.   Modèle des éléments finis

5.3.1. Déscription du modèle

Le modèle Euler-Euler multiphasique est ulisé à la modélisation de la séparation chromatographique du mélange glucose – fructose. La séparation s'effectue à travers un milieu supposé poreux. Trois phases sont présentes : la phase alimentation, la phase éluent et la phase résine. Le modèle des composants « Species » est activé afin de calculer les activités chimiques du glucose et fructose dans les différentes phases. Pour ce modèle choisi, la phase de sucre est supposée un mélange de glucose et fructose, la phase résine est un mélange de fructose et du calcium.

La séparation s'éffectue en deux étapes :

- Modélisation de l'interaction de la phase de sucre et la phase de résine qui entraîne la formation du complexe fructose-calcium au niveau de la phase résine. Le glucose est récupéré à la sortie de la colonne.
- Modélisation de l'interaction de la phase éluant et la phase de résine. Il en résulte la formation du complexe eau-calcium et libération du fructose qui va être recuperé à la sortie de la colonne.

5.3.2. Equations et hypothèses

La résolution de ce problème tient compte des hypothèses suivantes :

- Le mécanisme du transfert massique suit l'approximatimation du modèle de la force motrice linéaire (LDF : Linear Driving Force).
- Le transfert massique interne des particules est le seul à tenir en compte et le transfert externe est négligé.
- L'équilibre d'adsorption est décrit par l'équation linéaire
- La séparation s'effectue à température constante (condition isotherme)
- Le débit de flux est supposé constant et le régime de l'écoulement est du type piston avec dispersion axiale.

Le modèle généré est obtenu en se basant sur l'équation bilan de masse d'une colonne chromatographique. Il se présente dans l'équation suivante :

$$\frac{\partial C_i}{\partial t} = D_{ax}\Delta C_i - \frac{v}{\varepsilon}\nabla C_i - \frac{(1-\varepsilon)}{\varepsilon}\frac{\partial \bar{q}_i}{\partial t}$$

(117)

Avec C_i est la concentration du composant i, D_{ax} est le coefficient de la dispersion axiale, v est la vitesse interstitielle, ε est la porosité du lit et $\bar{q}_i$ est la concentration du composant i dans la phase résine.

La concentration en sucre dans la phase solide est également proportionnelle au coefficient du transfert de masse selon l'approximation de la force motrice linéaire (LDF : lineair driving force) du modèle:

$$\frac{\partial \bar{q}_i}{\partial t} = D_i(q_i^* - \bar{q}_i)$$

(118)

L'équilibre d'adsorption isothermique est représenté par q_i^* qui, elle-même, depend de C_i selon l'équation suivante :

$$q_i^* = K_i C_i$$

(119)

Où D_i est le coefficient de transfert massique de i, q_i^* concentration adsorbée à la phase solide en équilibre avec la concentration C_i, K_i est la constante d'équilibre.

✓ *Conservation d'énergie*

La conservation d'énergie est décrite par l'équation suivante:

$$\frac{\partial}{\partial t}(\alpha_p \rho_p h_p) + \nabla.(\alpha_p \rho_p \vec{u}_p h_p) = -\alpha_p \frac{\partial w_p}{\partial t} + \bar{\bar{\tau}}_p : \nabla.\vec{u}_p - \nabla.\vec{s}_p + S_p +$$
$$\sum_{w=1}^{n}(Q_{qp} + \dot{m}_{qp} h_{qp} - \dot{m}_{pq}h_{pq})$$

(120)

h_p est l'enthalpie spécifique de la phase p, $\vec{s}_p$ est le flux de chaleur, S_p est le terme source qui inclue la source d'enthalpie, Q_{qp} est l'intensité d'échange entre les phases p et q et h_{pq} est l'd'enthalpie d'interphase.

5.3.3. *Conditions initiales et aux limites*

La concentration du composant i dans la phase fluide est déterminée en fonction du temps et la longueur de la colonne. Les conditions initiales et aux limites sont donneés par les équations de Danckwertz :

$$C_i = C_{0i} + \frac{\varepsilon D_{ax}}{v}\frac{\partial C_i}{\partial z}; \text{à } z = 0$$

(121)

$$\frac{\partial c_i}{\partial z} = 0; \text{à } z = l \tag{122}$$

$$t = 0 \quad C_i = 0 \tag{123}$$

$$t = 0 \quad \bar{q}_i = 0 \tag{124}$$

5.3.4. Méthode numérique

La réalisation de simulation des résolutions numériques est basée sur les formulations mathématiques précédemment présentées. Un modèle à deux dimensions est développé. En utilisant le logiciel Gambit 2.2.30 ; un maillage quadratique de 9168 cellules est employé pour la fraction massique des solutés, la vitesse, la température et le gardient de pression aux couches limites et au niveau des phases induit par l'effet du chauffage, la diffusion et la direction de flux. Le logiciel Fluent 6.3 est utilisé pour résoudre les équations. Les résidus sont fixés à 10^{-3} pour toutes les variables et la mesure unitaire du temps est fixée à 10^{-3}s afin d'assurer la stabilité. Le temps d'exécution pour t=300s est approximativement 60s pour un Pentium 4 avec deux processeurs de 3.02GHz et de mémoire (RAM) 1GB exécutant windows XP professionnel

6. *Développement d'un contrôleur du procédé de production du fructose*

6.1. Introduction

Le développement du contrôleur du procédé consiste aux étapes suivantes (Figure 29):

- Générer des nouvelles données (U (t)) de la production du fructose en fonction des paramètres opérationels en utilisant les modèles des éléments finis.

- Déterminer les conditions optimales globales de production du fructose à l'aide des algorithmes génétique (AG). Le logiciel Matlab (Mathworks, Matlab R2013b) est appliqué à cette étape.

- Développer un modèle de réseaux de neurones artificiels (RNA) de toutes les étapes du procédé (diffusion, bioconversion, séparation) en utilisant les données expérimentales générées à la validation des modéles des éléments fini.

- Utiliser le modèle de RNA pour prédire le rendement en Fructose correspondant aux conditions optimales déterminer par les AG.

- Si ces conditions déterminer sont réalisables en passe au niveau opérationnel sinon une décision est nécessaire au niveau tactique (niveau utilisateur) pour lancer un nouveau cycle de calcul

La génération des données, la détermination des conditions optimales, la commande du modèle de RNA ainsi que la comparaison des résultats des modèles sont commandées à l'aide d'une interface usagée développée par le langage de programmation visual basic.

6.2. Développement du modèle du RNA

6.2.1. Données expérimentales

Les données utilisées au développement de ce contrôleur sont celles générées expérimentalement aux sections: 3.1 ; 4.1 et 5.1 de ce chapitre. 50% des données sont utilisées à l'apprentissage du modèle, 30% utilisées à la validation croisée et 20% utilisées pour tester l'erreur de prédiction.

Les pramètres d'entrées (*inputs : X, Y, Z*) des réseaux ainsi que la valeur prédite (*output : P*) à chaque étape sont présentés dans le tableau 16.

Tableau 16: Paramètres du RNA de production du fructose

Etape	Entrées	Valeur(s) prédite(s)
Diffusion	Variété, Agitation, Datte/eau	*Csucre*
Bioconversion	Cg, Biomasse, temps	Cg, Cf
Séparation	Cs, débit, température	Cg, Cf

* Cs : concentration de sucre
Cg : Concentration de glucose
Cf : Concentration de fructose

6.2.2. Conception du modèle du RNA

Le modèle du type *Modular Feed Forward* (*MFF*) est sélectionné pour déveloper le modèle de la diffusion, la bioconversion et la séparation. Les réseaux MFF sont les plus utilisés dans les poblèmes biologiques (Neurosolutions Software, 2006). Ces réseaux n'ont pas d'interconnectivité

105

totale entre toutes les couches. Par conséquent, un nombre de poids faible est requis pour établir une telle interconnexion de réseaux. Cela tend à accélérer sa formation et à réduire le nombre d'exemples nécessaires pour former le réseau pour un même degré de précision (Neurosolutions Software, 2006).

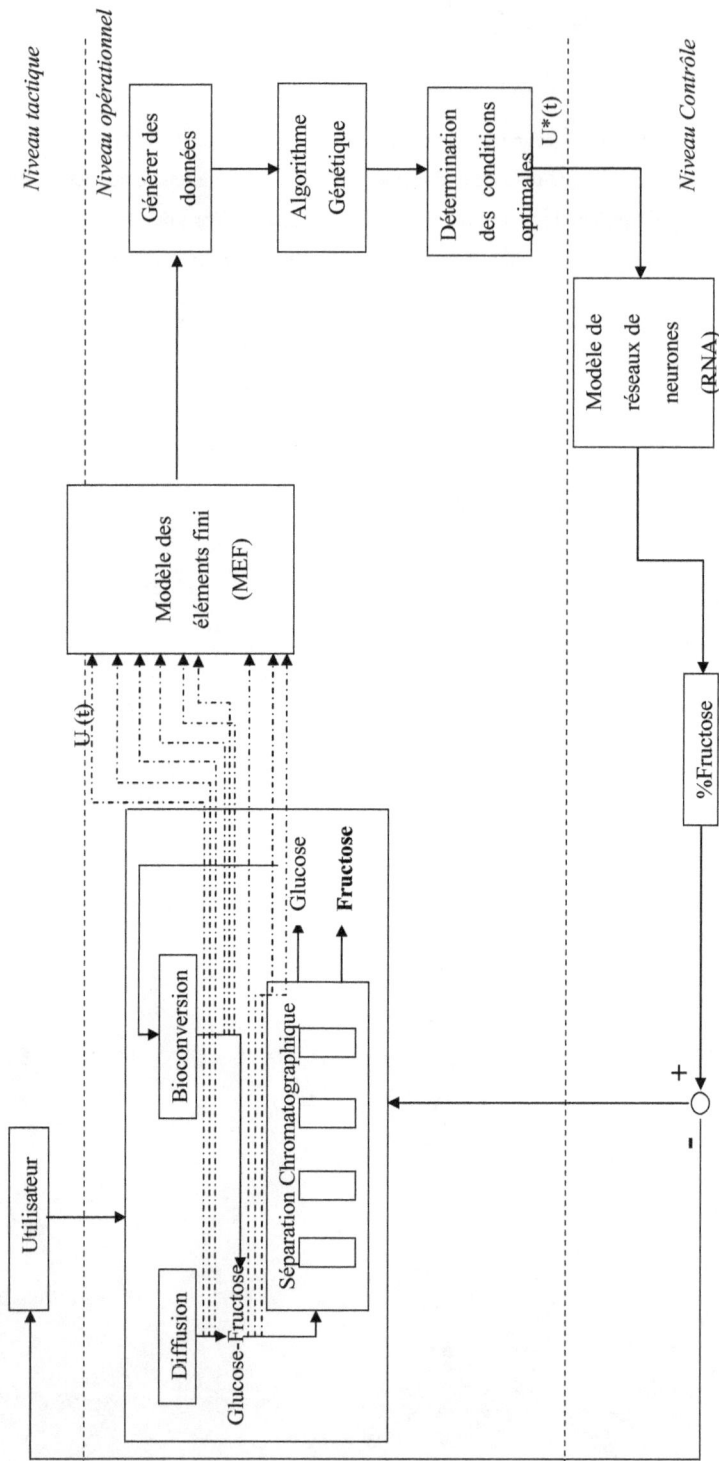

Figure 29: Contrôleur du procédé de production de fructose à partir de la pulpe de dattes

Tableau 17 : Paramètres de configuration de réseaux de neurones utilisés pour
prédire le % de fructose

Facteurs	Niveau
Fonction de transfert	TanH , Sigmoid
Nombre de couches cachées	1, 2 ou 3
Nombre de neurones au niveau supérieur	1 à 20
Nombre de neurones au niveau inférieur	1 à 20
Itérations	1000 à 10000

Afin de sélectionner le nombre de couches cachées ainsi que le nombre de neurones par couche, une procédure d'essai et d'erreur est menée pour atteindre le comportement requis. Dans cette présente étude, les différents paramètres de la procédure d'essai, sont présentés dans le tableau 17. La configuration optimale est recherchée en utilisant 1 à 2 couches cachées, 2 à 20 neurones par couche cachée et 1000 à 10000 itérations d'apprentissage. La performance de RNA ets testée pour la topologie présentée à la Figure 30.

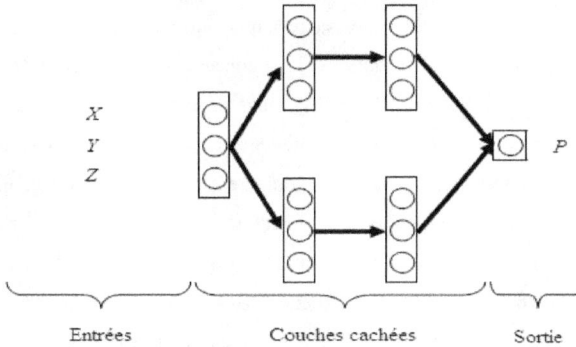

Figure 30: Topologie des réseaux testés

6.2.3. Choix de la cofiguration optimale

Les performances des différentes configurations ANN sont comparées en utilisant: la diférence des écarts au carré (MSE) et le % d'erreur, le critère d'information d'Akaike (AIC), qui mesure le compromis entre la performance de la formation et de la taille du réseau et, le critère MDL (longueur minimale de description).

CHAPITRE 4 : RESULTATS ET DISCUSSIONS

1. Coefficient de diffusion des sucres à partir de pulpes des dattes

1.1. Diffusivité de sucres

Les données de diffusion de sucres des trois variétés *Menakher*, *Lemsi* et *Alligue* sont présentées dans les figures 31a, b et c, respectivement. Toutes les courbes, montrent la même allure. Trois phases sont présentes : la phase de latence, avec une concentration de sucre égale presque à zéro, ce qui représente le temps nécessaire pour que les molécules de sucre atteignent le point de mesure; la phase de diffusion complète avec une concentration en sucre qui augmente régulièrement au cours du temps qui représente le transfert du sucre à partir de la pâte de datte vers la solution de l'eau, et, la troisième phase finale où la concentration en sucre augmente très lentement, ce qui représente un point proche de l'équilibre de la concentration en sucre entre la pâte de dattes et de la solution d'eau. Le début de cette troisième phase, indique que le processus de diffusion a pratiquement atteint sa valeur maximale.

La variation de la concentration en sucre a été significativement affectée par la variété de datte et la température (p < 0,01). Pour la variété *Menakher*, la température a peu d'effet sur la diffusion de sucre parce que les trois courbes de concentration se chevauchent dans le temps. Le seul effet de la température est la phase de latence qui est plus courte de 30 minutes à 80°C par rapport à celle obtenue à 50 et 65°C qui est de 45 minutes. Avec la variété *Lemsi*, les températures 65 et 80°C produisent des concentrations de sucre similaires en fonction du temps, alors qu'à 50°C, les concentrations de sucre étaient plus faibles indiquant un coefficient de diffusion du sucre inférieur. Les trois températures ont une phase de latence de 45 minutes. Pour la variété *Alligue*, les températures 65 et 80°C produisent également des concentrations de sucre similaires en fonction du temps, alors qu'à 50°C, les concentrations de sucre étaient plus faibles indiquant un coefficient de diffusion du sucre inférieur.

Néanmoins, toutes les trois températures 50, 65 et 80°C ont une phase de latence différente égale à 60, 45 et 30 minutes, respectivement.

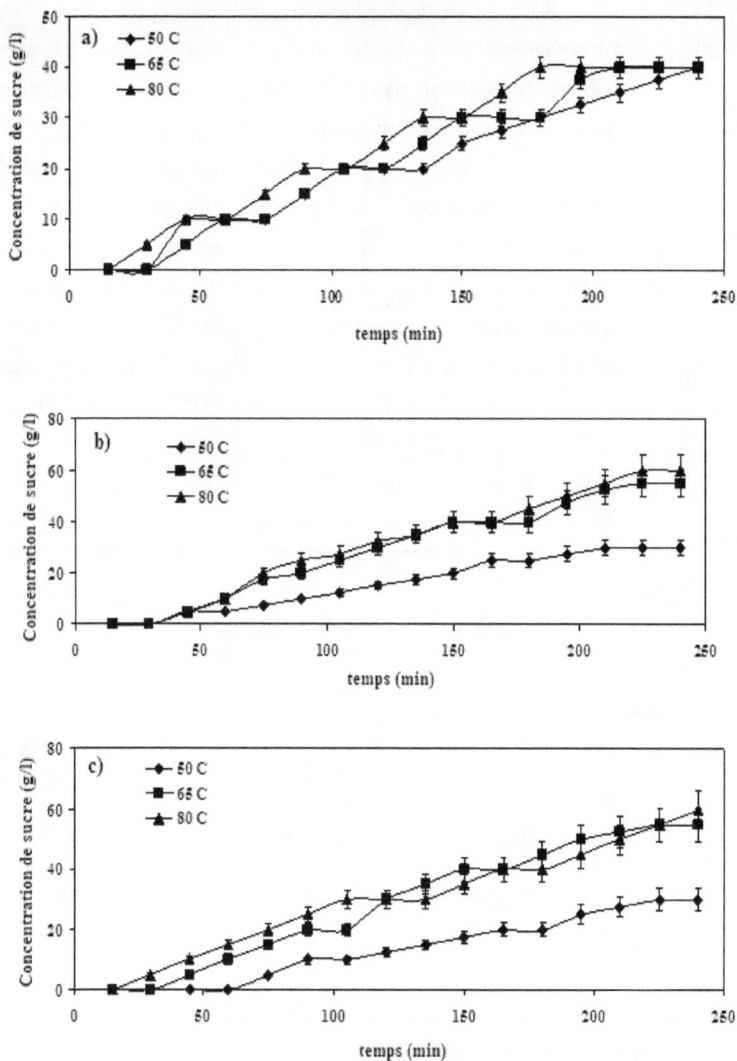

Figure 31: Concentrations en sucres obtenus au cours du temps avec la variété de datte a) *Menakher*, b) *Lemsi*, et c) *Alligue*, à une distance de 20 mm à partir de la couche de pâte de dattes

Les concentrations de sucre obtenues des différentes variétés présentent des différences significatives (p <0,01; tableau 18). Avec la variété *Menakher* on obtient une concentration de sucre maximale de 40 g / L, à partir d'une pâte de dattes contenant 540 g / kg (base humide), après 180, 210 et 240 minutes pour des températures de 50, 65 et 80°C, respectivement. La concentration en sucre relativement stable a été atteinte à 80 et 65 ° C mais pas à 50 ° C. La variété *Lemsi* produit une concentration en sucres maximale de 30, 55 et 60 g / L, à partir d'une pâte de dattes contenant 580 g / kg, après 210, 225 et 225 min à des températures de 50, 65 et 80 ° C, respectivement. La variété de *Alligue* produit une concentration en sucres maximale de 30, 55 et 60 g / l, à partir d'une pâte de dattes contenant 800 g / kg, après 225, 225 et 240 minutes pour des températures de 50, 65 et 80 ° C, respectivement. La concentration en sucre relativement stable a été atteinte à 65 et 50° C mais pas à 80 ° C.

Tableau 18: Analyse statistique des effets de la variété de datte, de la température et du temps de diffusion sur la concentration de sucre

Source	Type III Somme des carrés	df	Carré moyen	F	Sig.
Modèle corrigé	118415.495(a)	143	828.080	239.085	.000
Intercept	256303.255	1	256303.255	74000.338	.000
Variété	750.260	2	375.130	108.308	.000
Température	12056.510	2	6028.255	1740.489	.000
Temps	95682.161	15	6378.811	1841.702	.000
Variété * Température	3431.771	4	857.943	247.707	.000
Variété * Temps	1058.073	30	35.269	10.183	.000
Température * Temps	3626.823	30	120.894	34.905	.000
Variété * Température * Temps	1809.896	60	30.165	8.709	.000
Erreurr	997.500	288	3.464		
Total	375716.250	432			
Total corrigé	119412.995	431			

Note: $R^2 = 0.992$; adjusted $R^2 = 0.987$.

Les effets sont testés en utiisant le modèle général liniéaire, analyse univariable.

L'analyse statistique présentée dans le tableau 18 indique que la température a l'effet le plus important sur la diffusion de sucre suivie par l'effet du temps et puis la variété. La température affecte la viscosité de l'eau, ce qui affecte la mobilité des molécules, diminuent le frottement, et augmente le taux de diffusion de sucre à partir de la pâte de dattes; les molécules se déplacent donc plus rapidement. Le temps affecte la diffusivité de sucre probablement pour deux raisons: après 180 et 240 min, la concentration en sucre de la solution n'a pas encore atteint une valeur stable, et la structure de tissu de pâte de datte a changé à cause de la perte de sucre (Trigui, Gabsi, Helal, & Barrington, 2010).

Tableau 19: Diffusivité du sucre à partir des dattes en fonction de la variété, de la température et du temps

Variété	Durée de diffusion (min)	Température (°C)	Diffusivité du sucre D_s (cm^2/s)
Menakher	180	50	3,32 x 10^{-7}
Menakher	180	65	3,51 x 10^{-7}
Menakher	180	80	5,42 x 10^{-7}
Menakher	240	50	4,47 x 10^{-7}
Menakher	240	65	4,99 x 10^{-7}
Menakher	240	80	6,31 x 10^{-7}
Lemsi	180	50	2,01 x 10^{-7}
Lemsi	180	65	6,75 x 10^{-7}
Lemsi	180	80	7,64 x 10^{-7}
Lemsi	240	50	2,82 x 10^{-7}
Lemsi	240	65	9,24 x 10^{-7}
Lemsi	240	80	10,5 x 10^{-7}
Alligue	180	50	1,26 x 10^{-7}
Alligue	180	65	6,73 x 10^{-7}
Alligue	180	80	7,22 x 10^{-7}
Alligue	240	50	2,17 x 10^{-7}
Alligue	240	65	9,33 x 10^{-7}
Alligue	240	80	9,57 x 10^{-7}

Compte tenu de la quantité d'eau (130 ml) et de la masse de pâte de pulpe de datte (20 g) utilisée pour l'extraction, l'analyse de performance de la diffusion montre qu'avec la variété *Menakher* 55, 60 et 65% du sucre sont extraits à 50, 65 et 80 ° C, respectivement. La variété *Lemsi*, produit 40, 70 et 75% du sucre total à des températures 50, 65 et 80 ° C, respectivement. Pour la variété *Alligue*, 30, 50 et 55% du sucre a été extrait à des températures de 50,

65 et 80 ° C, respectivement. L'efficacité du procédé d'extraction a été calculée après 240 min à l'aide des valeurs de la concentration du sucre mesurée au cours du temps à une distance de 20 mm à partir de la couche de datte. La concentration de sucre au-delà de 20 mm est supposé constante.

L'ensemble des données utilisées pour calculer le coefficient de diffusion du sucre obtenu pour les trois variétés et les différentes températures, en fonction du temps, sont présentes dans le tableau (tableau 19). Bien que les concentrations de sucre ont été influencées par la variété, la température et le temps, le coefficient de diffusion varie de $1,26.10^{-7}$ à $1,05.10^{-6}$ cm²/s. Ces valeurs observées sont similaires à la gamme des valeurs observées pour la diffusion de sucre à partir de pomme où D_S varie de $1,12.10^{-7}$ à $4,33.10^{-8}$ cm²/s (Veraverbeke, Verboven, Oostveldt, & Nicolaï, 2003).

1.2. Performance du RNA

Le modèle RNA est testé et mis au point pour prédire la diffusivité du sucre en fonction de la variété, la température de l'eau et le temps d'extraction. La performance de configuration de RNA a été évaluée en utilisant l'ensemble des données des différentes configurations (Annexe 2 et 3). La configuration du RNA qui minimise la valeur de *MSE (Moyenne des Ecarts au Carré)*, le % d'erreur, et maximise R^2, est considérée comme optimale. La vérification de la performance du modèle RNA est illustrée dans les figures 32a et b. Deux réseaux de topologie II sont choisis comme les meilleurs modèles. La meilleure configuration RNA de la topologie réseau II utilise deux couches cachées, sept neurones aux niveaux supérieur et inférieur (figure 30a). Le MSE et le % d'erreur pour cette configuration optimale étaient 0,0037 et 8,05%, respectivement. Les résultats ont montré une très bonne concordance entre les valeurs prédites et les valeurs souhaitées de diffusivité du sucre ($R^2 = 0,98$). Le coefficient de détermination est également très bon ($R^2 > 0,95$), en raison de la faible erreur de prédiction.

Le deuxième meilleur modèle est obtenu avec la topologie II, deux couches cachées et quatre neurones aux niveaux supérieur et inférieur (figure 30b). Ce modèle a également démontré un très bon accord entre les valeurs prédites et

114

les valeurs souhaitées de diffusivité de sucre ($R^2 = 0,99$), mais le MSE est plus élevé par rapport au modèle précédemment sélectionné (0.009> 0.0037), et en plus l'AIC (citère d'information d'Akaike) et MDL (longueur minimale de description) sont également plus élevés.

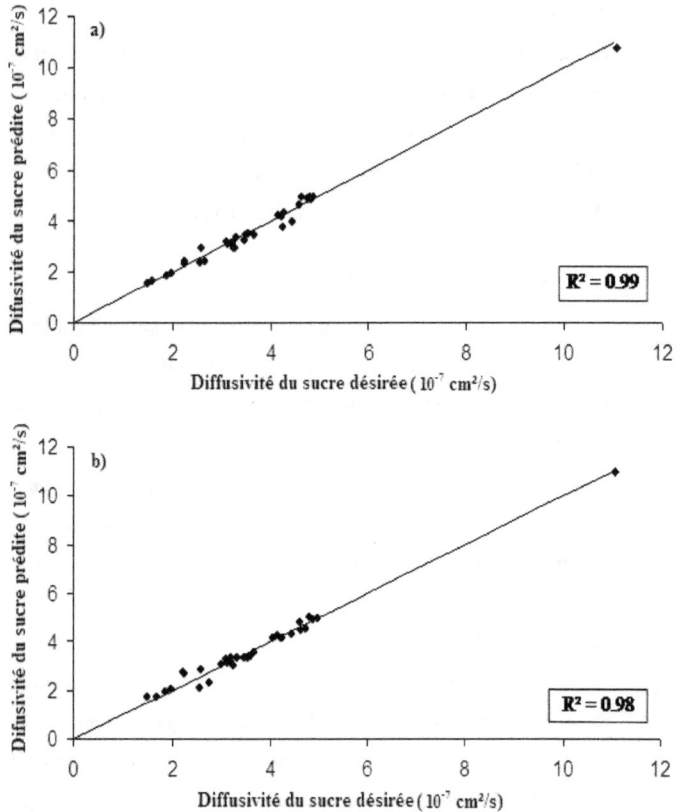

Figure 32: Corrélation entre les valeurs desirées et les valeurs prédites par le modèle de RNA : a) Pour le modèle de RNA ayant la topologie II, 2 couches cachées et 4 neurones au niveau supérieur et inférieur de chaque couche et b) Le modèle de RNA ayant la topologie II, 2

couches cachées et 7 neurones au niveau supérieur et inférieur de chaque couche.

2. Propriétés rhéologiques du sirop des dattes

2.1. Caractérisation des courbes d'écoulement

La relation entre le taux de contrainte et le temps pour les concentrations des sirops de dattes choisies, à une température constante (20°C) et à un taux de cisaillement dynamique est représentée dans la figure 33. Les courbes de tous les échantillons montrent un comportement rhéofluidifiant ($n < 1$).

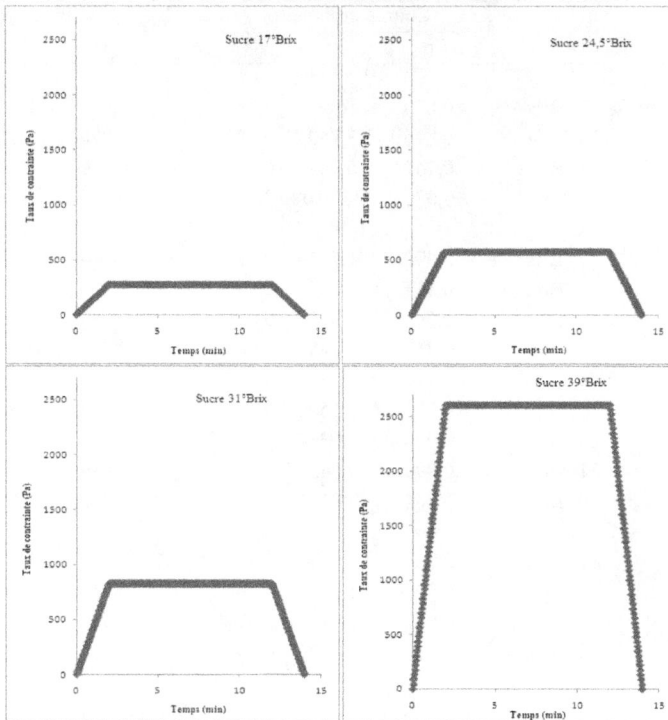

Figure 33: La relation entre le taux de contrainte et le temps à différentes concentrations de sucre.

2.2. Modèles rhéologiques et effet de la température et de la concentration sur les paramètres d'écoulement

Le coefficient de consistance (m) et de l'indice de comportement d'écoulement (n) du sirop de datte sont obtenus en ajustant les données expérimentales du taux de contrainte-taux de cisaillement selon la loi de puissance en utilisant le logiciel*Table Curve 2D*. Le tableau 20 montre paramètres de la loi de puissance associées à aux concentrations choisies, et les niveaux de température.

Tableau 20: Paramètres de la loi de puissance

	Courbe croissante			Courbe décroissante		
	n	m	R^2	n	M	R^2
20°C						
17 °Brix	0,870	1,993	0,99	0,884	1,869	0,99
24 °Brix	0,816	3,950	0,98	0,820	3,357	0,99
31 °Brix	0,749	6,964	0,97	0,776	6,171	0,97
39 °Brix	0,680	13,910	0,97	0,679	13,970	0,98
40°C						
17 °Brix	0,898	1,752	0,97	0,904	1,707	0,97
24 °Brix	0,833	3,437	0,99	0,830	3,497	0,99
31 °Brix	0,798	5,055	0,99	0,783	5,408	0,99
39 °Brix	0,719	9,845	0,96	0,710	10,232	0,99
60°C						
17 °Brix	0,960	1,160	0,99	0,960	1,160	0,98
24 °Brix	0,913	2,086	0,99	0,920	2,022	0,99
31 °Brix	0,890	2,643	0,99	0,889	2,667	0,99
39 °Brix	0,864	3,911	0,98	0,872	3,782	0,96
80°C						
17 °Brix	0,981	0,977	0,99	0,974	1,010	0,99
24 °Brix	0,956	1,347	0,99	0,947	1,401	0,98
31 °Brix	0,902	2,040	0,99	0,909	1,974	0,99
39 °Brix	0,875	3,010	0,99	0,884	2,893	0,99

Les valeurs de n inférieures à 1 indiquent que le sirop de dattes est de type rhéofluidifiant pour toutes les concentrations. La loi de puissance décrit bien un type de comportement d'écoulement de fluide puisque l'indice de corrélation R^2 est élevé (> 0,7).

117

m indique la nature de la viscosité du système, tel qu'il est montré dans le tableau 20, *m* augmente avec l'augmentation de la quantité de sucre dans la solution et diminue avec l'élévation de la température de 40 à 80°C. Les valeurs faibles de m indiquent que la nature peu visqueuse est due à l'augmentation de la fluidité du sirop de dattes. Les valeurs de *n* sont comprises entre 0,679 et 0,981 pour les différentes conditions de température et de concentration, ce qui démontre le caractère pseudoplastique du sirop de dattes. *n* diminue avec l'augmentation de la concentration de sucre et augmente avec l'élévation de la température de 20 à 80 ° C.

L'approche de Turian (Equations 125 et 126) montre une diminution du coefficient de consistance à des températures élevées avec une augmentation de l'indice de comportement d'écoulemnt (figures 34 et 35) pour toutes les concentrations. Les valeurs des paramètres Turian sont présentées dans le tableau 23. Ces valeurs peuvent être utilisées en tant qu'entrées pour le calcul prévisionnel du comportement de l'écoulement dans un procédé continu de production de sucre.

$$logm = logm_0 - A_1T$$

(125)

$$n = n_0 + A_2T$$

(126)

2.3. Influence de la température sur la viscosité apparente

Il est évident selon la figure 36, que la viscosité apparente à n'importe quel taux de cisaillement décroit par l'augmentation de la température et elle diminue avec l'augmentation du taux du cisaillement à tous les niveaux de température pour une concentration du sirop de 31°Brix. Ce résultat est confirmé pour toutes les autres concentrations. Cette intérprétation affirme le comportement non-Newtonien (rhéofluidifiant) du fluide.

La diminution de la viscosité apparente proportionnellement à l'augmentation de la temperature suggère que l'augmentation progressive de la temperature démêle les arrangements des molécules à longue chaîne et aide à surmonter la résistance à l'écoulement intermoléculaire.

118

Tableau 21: Les paramètres de Turian des concentrations choisies

Échantillon	$log m_0$	A_1	n_0	A_2
17°Brix				
Courbe ascendante	0,480	0,006	0,821	0,002
Courbe descendante	0,442	0,005	0,841	0,001
24°Brix				
Courbe ascendante	0,938	0,010	0,716	0,003
Courbe descendante	0,929	0,009	0,723	0,002
31°Brix				
Courbe ascendante	1,069	0,009	0,707	0,002
Courbe descendante	1,141	0,010	0,671	0,003
39°Brix				
Courbe ascendante	1,459	0,012	0,585	0,003
Courbe descendante	1,506	0,013	0,561	0,004

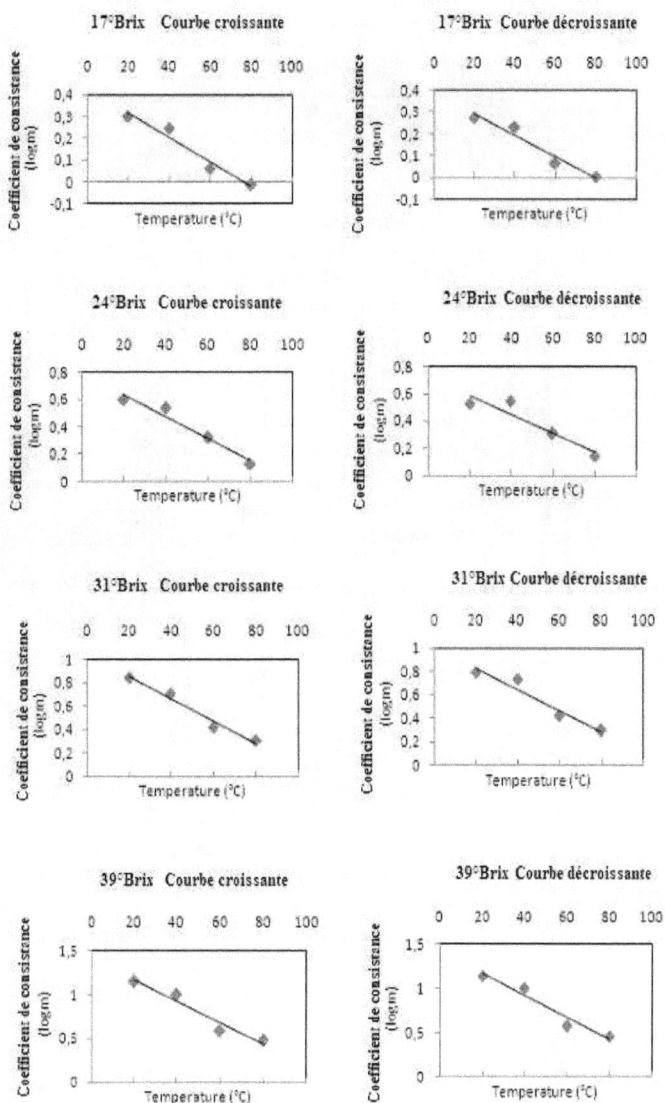

Figure 34: Effet de la température sur le coefficient de consistance du sirop de dattes en utilisant l'approche du Turian

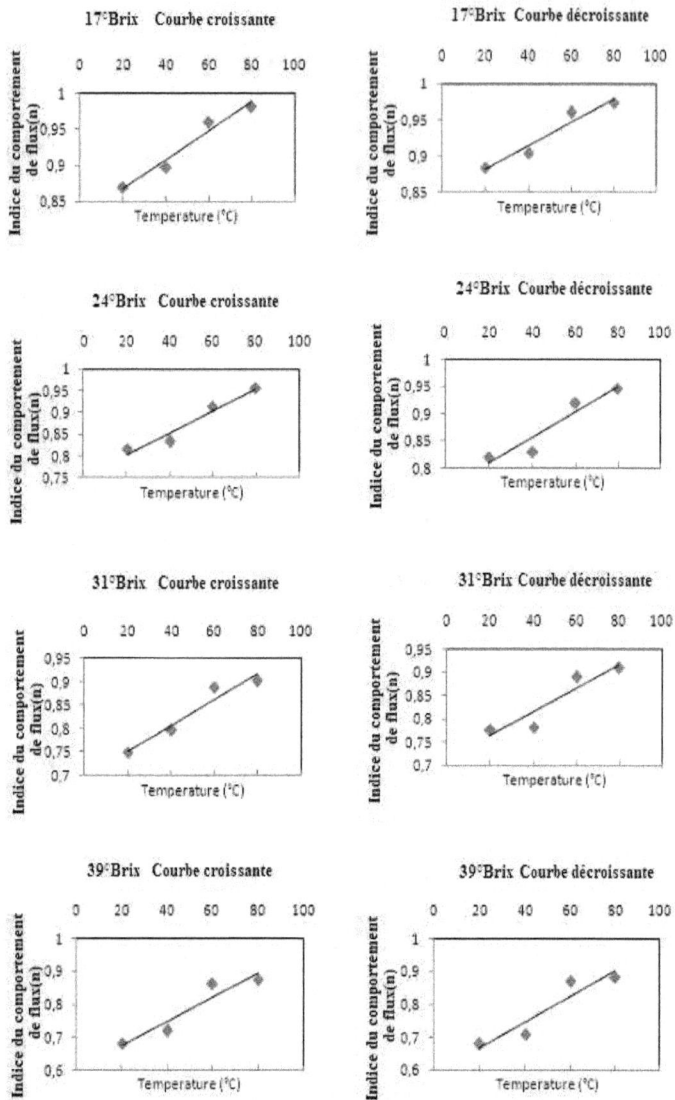

Figure 35: Effet de la température sur l'indice du comportement du flux du sirop de dattes en utilisant l'approche du Turian

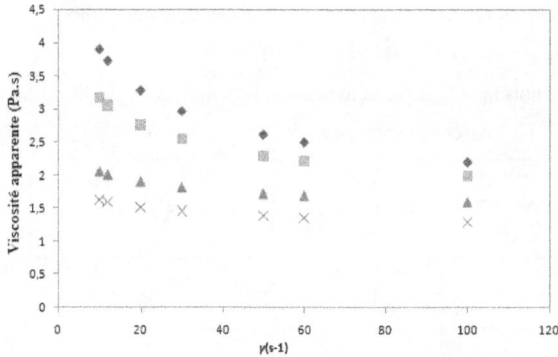

Figure 36: La viscosité apparente en fonction du taux du cisailemnt pour une concentration de 31°Brix à différentes températures: (♦) 20°C, (■) 40°C, (▲) 60°C, (x) 80°C

2.4. Effet combiné de la température et de la concentration sur la viscosité apparente

Pour les applications d'ingénierie, il est très utile d'obtenir une seule équation décrivant l'effet combiné de la température et de la concentration sur la viscosité du sirop de dattes. L'équation (127) a été obtenue en combinant l'équation (57) et (58) pour étudier l'effet combiné de la température et la concentration sur la viscosité apparente (η_a).

$$\eta_a = \delta C^\varepsilon exp(E_a/RT)$$
(127)

La dépendance globale de la viscosité apparente de la température et de la concentration a été évaluée par l'équation (126) en combinant l'équation d'Arrhenius, la loi de puissance et les relations exponentielles. Les modèles décrivant la température et la concentration de la viscosité du sirop de datte ont été ajustées avec les données expérimentales et les paramètres du modèle sont obtenues en utilisant le le logiciel *Table Curve 2D*.

Le tableau 21 présente les valeurs des constantes obtenues par ajustement des modèles. Les résultats montrent que l'énergie d'activation augmente avec l'augmentation de la concentration de sucre. Le haut niveau d'énergie d'activation est obtenu avec la concentration en sucre de 39 ° Brix. Ce résultat

122

est comparable à ceux de l'étude des propriétés rhéologiques de la solution d'amidon (Liu & Budtova, 2012).

Tableau 22: Effet combiné de la température et de la concentration sur la viscosité apparente

C	Taux du cisaillement (s^{-1})	η_0	$\delta \times 10^5$ $Pas(\%)^\varepsilon$	ε	$E_a\left(J/_{mol}\right)$	r	RSS	MSE
17°Brix	50	0,094	0,089	0,019	38,900	0,998	0,000072	0,000001
	60	0,092	0,090	0,007	42,484	0,999	0, 000162	0,000003
	100	0,088	0,071	0,076	53,259	0,989	0,000001	0,000001
24°Brix	50	0,121	0,096	0,074	81,724	0,959	0,000064	0,000001
	60	0,120	0,097	0,068	77,859	0,995	0,000293	0,000001
	100	0,010	0,007	0,116	81,813	0,999	0,000007	0,000007
31°Brix	50	0,152	0,085	0,169	92,645	0,999	0,00102	0,0000001
	60	0,139	0,159	- 0,039	102,595	0,985	0,000571	0,0000002
	100	1,394	0,073	0,859	89, 373	0,968	0,000005	0,0000001
39°Brix	50	0,180	0,100	0,161	135,337	0,972	0,00152	0,0000002
	60	0,177	0,159	0,030	129,081	0,997	0,000013	0,0000001
	100	0,167	0,056	0,298	111,941	0,985	0,000021	0,0000002

2.5. Effet de la concentration et du taux du cisaillement sur la viscosité apparente

La figure 37 montre l'évolution de la viscosité apparente du sirop de datte en fonction de la température et de la concentration selon l'équation (127) à trois taux du cisaillement. Ces résultats montrent que l'augmentation de la viscosité apparente est proportionnelle à l'augmentation de la concentration du sirop de dattes et de la diminution de la température. L'augmentation de la température diminue la viscosité apparente du sirop de datte pour tous les niveaux de concentration. Le comportement du flux du sirop de datte est plus sensible à la température.

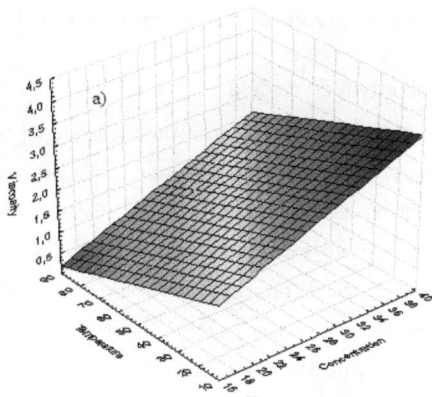

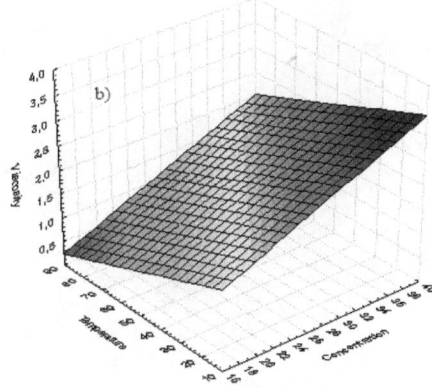

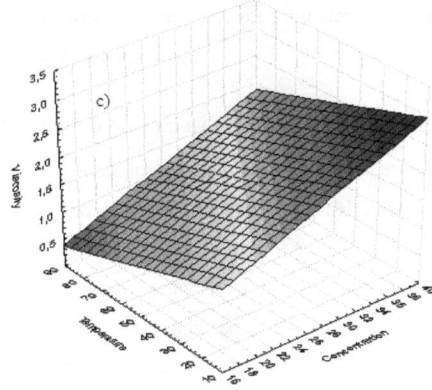

Figure 37: effet de la température et de la concentration sur la viscosité apparente pour les taux du cisaillement: a) 50 s^{-1}, b) 60 s^{-1} et c) 100 s^{-1}

3. Modélisation du procédé de la diffusion des sucres

3.1. Validation du modèle

La comparaison entre la fraction volumique de la phase datte prédite et expérimentale obtenue après 900 s de la réaction de diffusion, pour les 15 essais, est représentée sur la figure 38. On peut voir que les données de simulation est en excellent accord avec les données expérimentales. Le coefficient de corrélation est acceptable (R^2 = 0,84). Ceci suggère que le processus de diffusion de sucre à partir des dattes peut être prédit avec précision par le modèle des éléments fini.

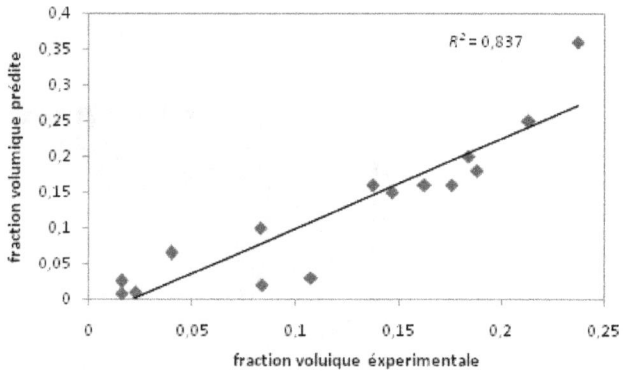

Figure 38: Corrélation entre les valeurs expérimentales et prédites après 900s du temps réactionnel

3.2. Contour de la fraction volumique de la phase datte

La figure 39 illustre l'évolution temporelle de la fraction volumique des dattes à l'intérieur du réacteur. Trois forces dirigent le mouvement des molécules: la force de la gravité, la force de rotation et la vitesse de diffusion. Le sucre diffuse à partir de la phase datte vers la phase aqueuse et l'eau remplace le sirop de datte par contre-courant. Initialement, la phase 1 a été principalement remplie d'eau et la phase 2 était plus concentrée en sucres. Au fil du temps, les fluides se déplacent de bas en haut en raison des forces de rotation et gravitationnelle. De plus la fraction volumique de datte diminue dans la phase datte et augmente dans la phase eau par la réaction de transfert de masse. La figure 40 montre la variation de la répartition de la fraction volumique de la phase datte par l'effet combiné de la diffusivité de sucre de chaque variété, la vitesse angulaire de la turbine et le rapport datte/eau pendant 15 min.

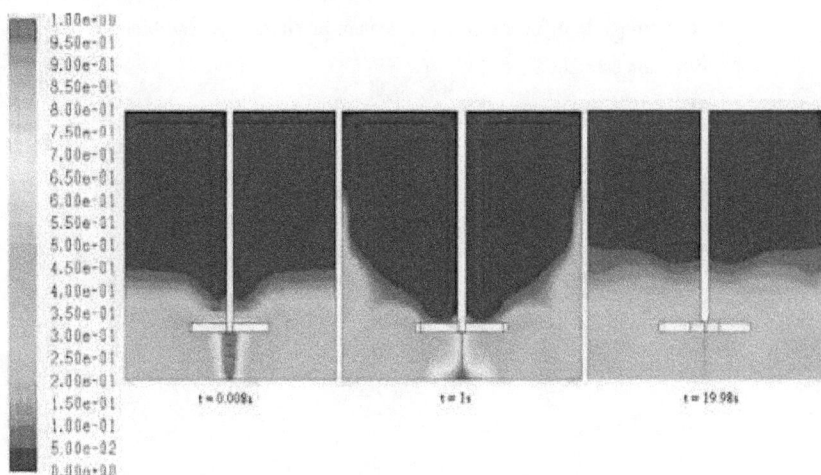

Figure 39: Evolution temporelle de la fraction volumique de la phase datte à l'intérieur du réacteur

La simulation commence avec l'essai 1, où la vitesse angulaire est fixée à 50rpm et la phase datte correspond à la variété *Menakher*. Bien que ces conditions sont identiques avec l'essai 4, les profils de contours sont différents, le taux de diffusion à l'essai 4 est inférieure à celui de l'essai 1. Cette différence pourrait être due à la différence du rapport datte/eau utilisée (0,25 <0,75). Pour les essais 2 et 9, la vitesse angulaire est fixée à 100rpm et rapport datte/eau utilisé est le même (0,5). Le contour de la fraction volumique de datte montre également une différence du taux de diffusion en raison de la dissemblance des variétés. Comme mentionné précédemment, la différence de coefficients de diffusivité de sucre est liée à la différence de la texture des variétés de datte (Trigui, Gabsi, Helal, & Barrington, 2010). Il est également intéressant de mentionner que toute augmentation de la diffusivité accélère la diffusion. Dans les cas 6 et 7, la variété *Alligue* est utilisée ainsi que le rapport

126

date/eau est maintenu à 0,25. Le taux de diffusion augmente avec l'augmentation de la vitesse angulaire de la turbine. Cette déduction est affirmée aussi par comparaison entre les résultats du cas 9 (100rpm) et le cas 4 (0rpm).

La vitesse de la turbine est un paramètre très important qui affecte la vitesse et le temps de diffusion. En augmentant la vitesse de la turbine, le temps de diffusion est réduit.

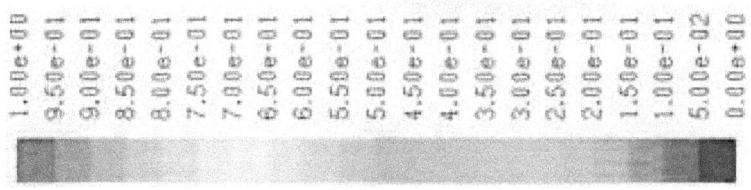

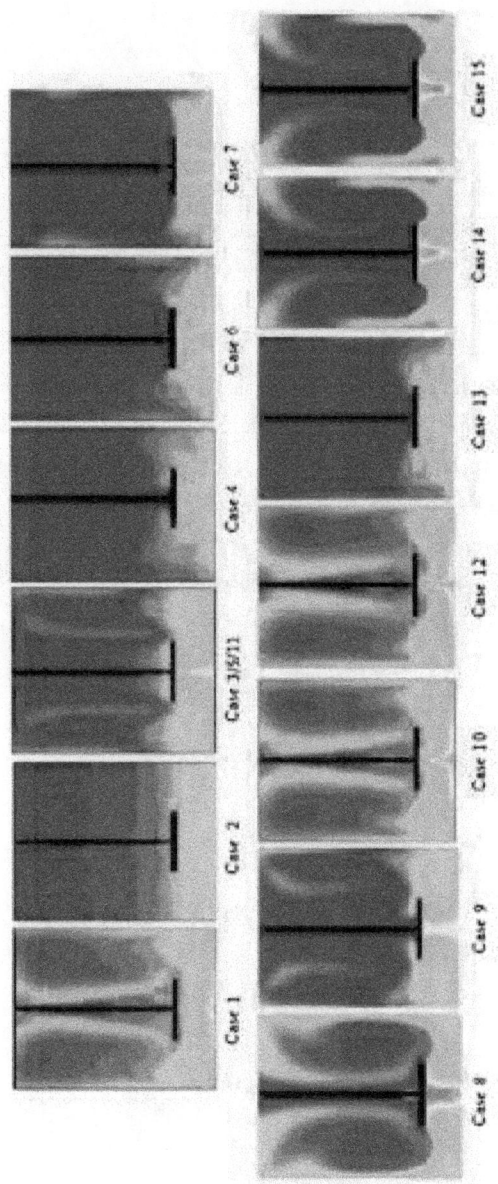

Figure 40: Contours de la fraction volumique de la phase datte de 15 essais

128

3.3. Conditions opératoires optimales

La diffusion de sucres à partir des dattes est étudiée en fonction de la variété, la vitesse d'agitation et le rapport datte/eau. Comme le montrent les figures 40 a, b et c, la valeur la plus élevée de la fraction volumique de datte est obtenue lors de l'utilisation de la variété *Lemsi*, le rapport datte/eau et la vitesse d'agitation sont supérieurs à 0,6 et 40 rpm respectivement. La figure 41 représente la fraction volumique de datte de chaque essai. L'essai 12 montre la condition optimale de la diffusion de sucre à partir des dattes où la valeur de la fraction volumique obtenue après 900s est 0,36. Dans cette exécution, le processus de diffusion est opéré avec une vitesse d'agitation de 50 rpm (> 40 rpm), le rapport datte/eau 0,75 (> 0,6) et la variété de datte *Lemsi* qui a le coefficient d'échange le plus haut (Figure42) (Trigui, Gabsi, Helal, & Barrington, 2010).

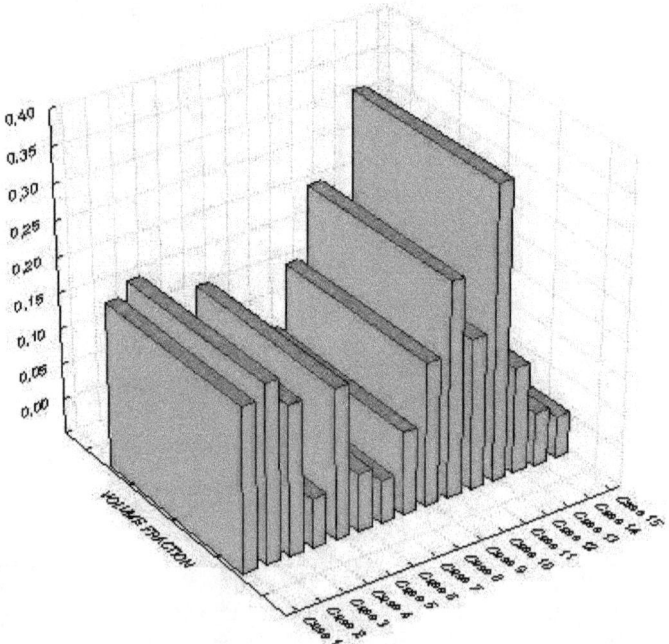

Figure 41: Les fractions volumiques de dattes de 15 essais

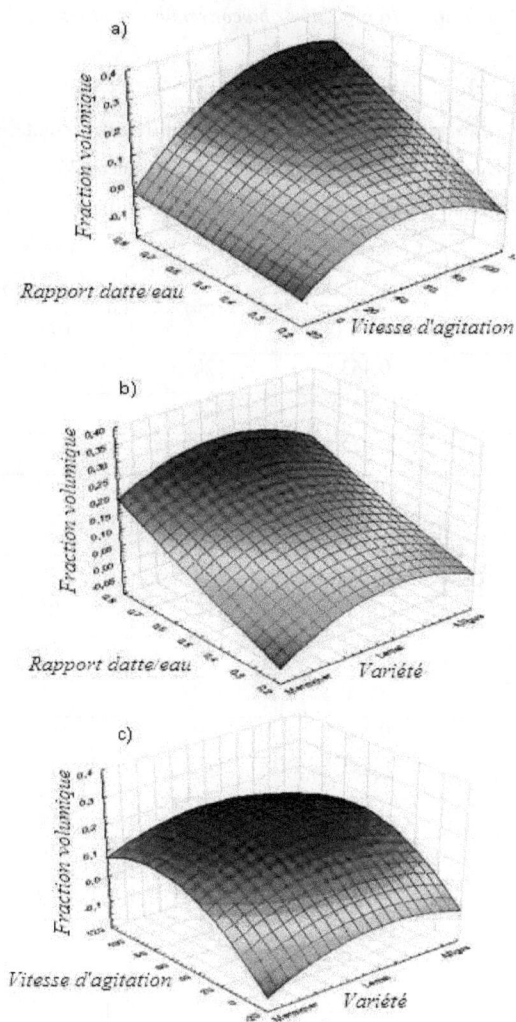

Figure 42: Evolution de la fraction volumique de datte en fonction des conditions opératoires après 900s du temps réactionnel, la fraction volumique en fonction du : a) rapport datte/eau et la vitesse d'agitation, b) rapport datte/eau et la variété, c) la vitesse d'agitation et la variété.

N.B. la variété Lemsi présente le taux de diffusion le plus important.

4. Modélisation du procédé de bioconversion de glucose en fructose

4.1. Performance de la bioconversion

Les résultats expérimentaux des différentes conditions générées selon le plan d'expérience sont présentés dans le tableau 25.

Tableau 23: Le % du fructose obtenu aux différentes conditions expérimentales

Essai	Concentration initiale du glucose (g/l)	Biomasse (ml)	Durée d'incubation (mn)	% fructose
1	0,463	120	60	3%
2	0,242	120	120	11%
3	0,242	150	60	10%
4	0,14	100	120	48%
5	0,242	120	120	62%
6	0,463	120	180	55%
7	0,14	150	120	100%
8	0,242	120	120	23%
9	0,14	120	60	42%
10	0,242	100	180	48%
11	0,463	150	120	16%
12	0,242	100	60	22%
13	0,463	100	120	4%
14	0,242	150	180	23%
15	0,14	120	180	27%

Le pourcentage de fructose obtenu après la bioconversion est calculé selon l'équation suivante :

$$\% f = \frac{C_F}{(C_G + C_F)} \times 100$$

(129)

Avec :

C_F : La concentration de fructose obtenu après bioconversion

C_G: La concentration de glucose présent

Selon le tableau 22, la meilleure condition de production du fructose est la condition 7 qui correspond à la concentration en glucose la plus faible (0,14), le volume de biomasse le plus élevé (150ml) et avec un temps moyen (120mn). L'augmentation de la concentration du glucose n'aboutit pas à une augmentation du taux de bioconversion et son effet reste relativement faible. Au contraire l'augmentation du volume de biomasse semble avoir un effet plus important. Au-delà du volume de biomasse de 120ml, on obtient des % du fructose plus élevés mais seulement avec des concentrations faibles de glucose (figure 41a). Les concentrations élevées de glucose contribuent à un environnement de stress pour la bactérie ce qui diminue leur productivité.

De point de vue effet temps, on remarque d'après les figures 43 b et c, que les pourcentages importants de production de fructose ne sont obtenus qu'après des périodes supérieures à 80 minutes du temps réactionnel.

4.1. Validation du modèle

La comparaison entre la fraction volumique du fructose dans la phase sucre et les valeurs expérimentales obtenues, pour les 15 essais, est représentée à la figure 44. On peut voir que les données de simulation sont en excellent accord avec les données expérimentales. Le coefficient de corrélation est acceptable ($R^2 = 0,894$). Ceci suggère que le procédé de bioconversion du glucose peut être prédit avec précision à l'aide du modèle des éléments fini développé.

De plus, selon la figure 45 qui montre les résultats cinétiques prédits que la croissance des bactéries s'accompagne de l'abaissement de la teneur du glucose, l'augmentation de la concentration du fructose et l'augmentation du taux de consommation d'oxygène.

Les figures 46, 47 et 48 montrent respectivement la bonne corrélation entre les valeurs prédites et expérimentales de la croissance bactérinne, la consommation du glucose et la production du fructose.

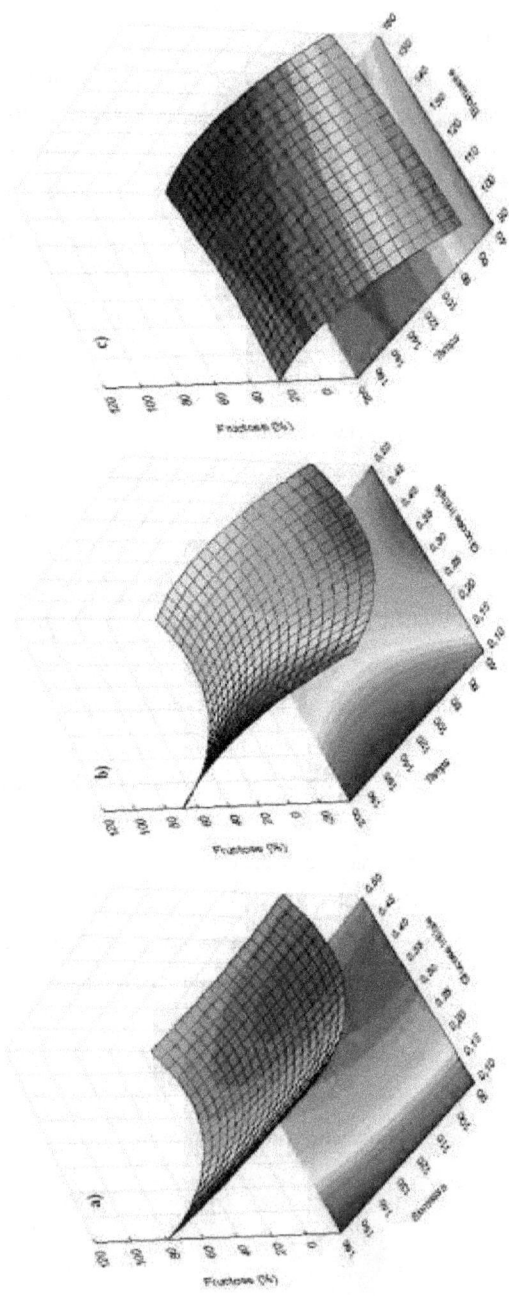

Figure 43: Evolution du fructose en fonction de: a) la biomasse et la concetration initiale en glucose, b) la concetration initiale du glucose et le temps, c) la biomasse et le temps. Dans chaque figure, chaque graphe est représenté en 3D (en haut) et sa projection en 2D (en bas).

133

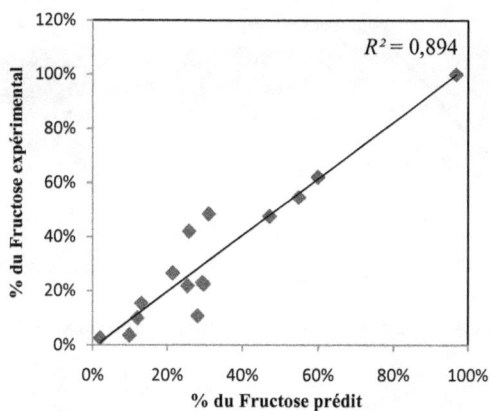

Figure 44: Corrélation entre les valeurs prédites et expérimentales du % du fructose produit par bioconversion

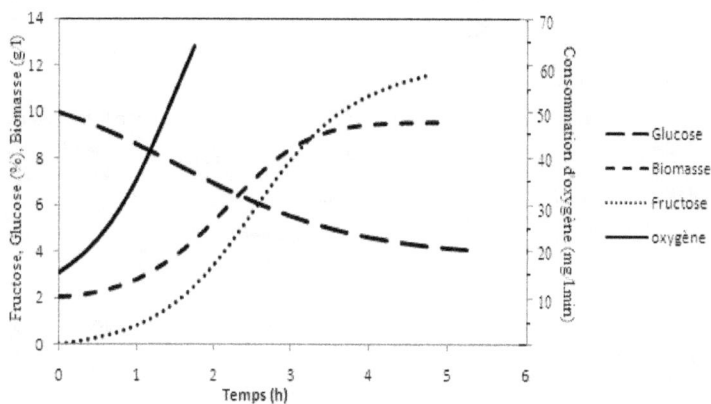

Figure 45: Résultats prédits de la croissance bactérienne, consommation du glucose, production du fructose et l'absorption d'oxygène

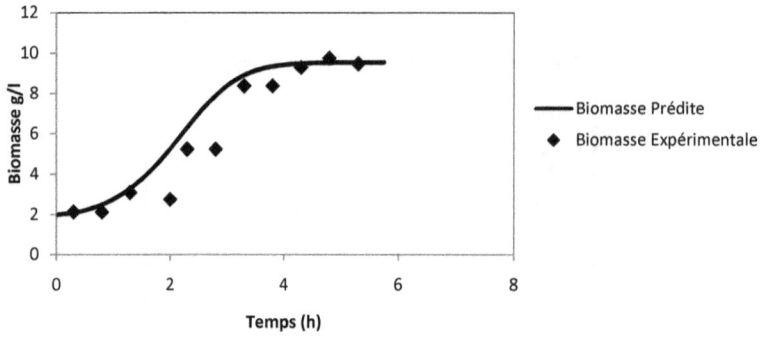

Figure 46: Comparaison entre les profils prédit et expérimental de la biomasse

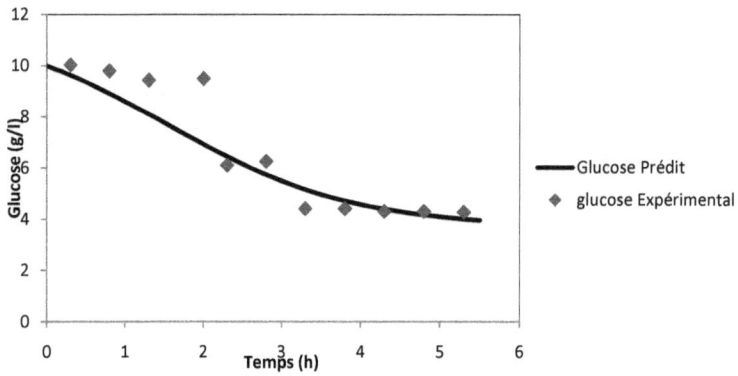

Figure 47: Comparaison entre les profils prédit et expérimental de la
concentration de glucose

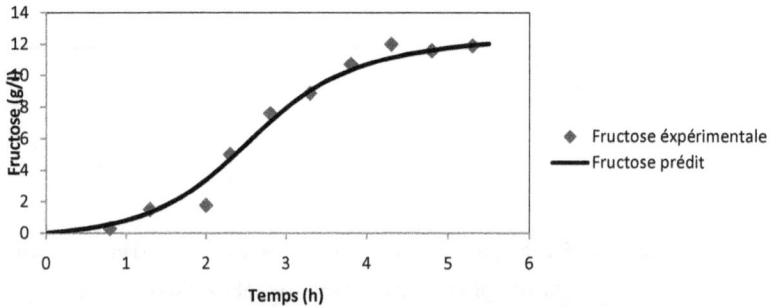

Figure 48: Comparaison entre les profils prédit et expérimental de la
concentration de fructose

4.2. Contour des fractions volumiques

La figure 49 illustre l'évolution temporelle de la fraction volumique de fructose à l'intérieur du réacteur. De nombreuses forces gèrent le mouvement des molécules, telles que la force de gravité, la force de rotation et les interactions entre les phases. Les fluides se déplacent de bas vers le haut en raison de ces forces. De point de vue phénomène d'interaction entre les phases, on note qu'initialement, la phase sucre contient autant du glucose que de fructose. Au cours du temps et d'après la cinétique de la production du fructose, la phase sucre devient de plus en plus concentrée en fructose.

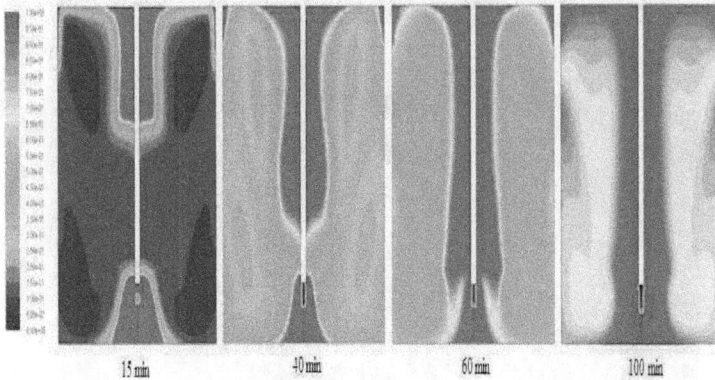

Figure 49: Evolution du fructose dans le bioréacteur au cours du temps

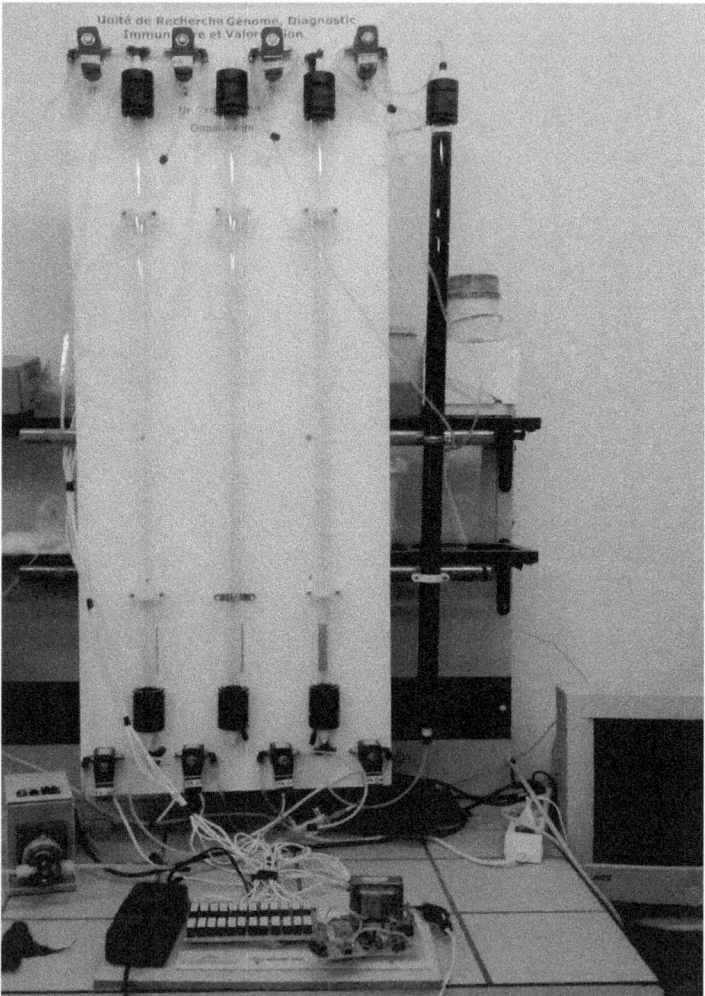

Figure 50: Unité chromatographique de séparation des sucres

(03/UR/09-01)

5.1. Performance du procédé de séparation

La séparation du glucose et du fructose à partir du sirop de dattes est éffectuée par procédé chromatographique (Figure 50). En se basant sur le plan d'expérience choisi, 15 expériences sont réalisées.

Le tableau 23 présente la concentration en fructose obtenue à chaque expérimentation. Dans ces éxpériences et tel qu'il est illustré au tableau 24, tous les paramètres expérimentaux (concentration de sucres, le débit volumique et la température du sirop) ainsi que l'interaction entre la concentration de sucre et la température affectent d'une manière significative la concentration du fructose ($p < 0.05$).

Tableau 24: Les concentrations du fructose obtenues par le procédé de sépartion chromatographique

Essai	Concentration du sucre (%)	Debit volumique (ml/min)	Température (°C)	Concentration du fructose (%)
1	20	7	70	59,86
2	50	12	47,5	67,04
3	35	7	47,5	61,40
4	20	7	25	56,30
5	35	7	47,5	61,40
6	35	12	25	62,17
7	35	2	25	62,36
8	35	2	70	62,57
9	20	12	47,5	59,51
10	35	12	70	62,93
11	35	7	47,5	61,40
12	50	7	70	64,89
13	50	7	25	67,49
14	20	2	47,5	59,53
15	50	2	47,5	67,64

Les figures 51 (a, b et c) montrent l'évolution du fructose en fonction de la concentration de sucre et le débit pour les températures 25, 47,5 et 70°C.

138

Selon les trois figures, l'effet de la concentration est très clair sur la performance de la séparation. Le pourcentage du fructose augmente en augmentant la concentration du sucre. Cette déduction est affirmée par la figure 53 (a) où il est nettement différent pour des concentrations différentes et avec un débit et une température constante. Les valeurs optimales sont obtenues avec des concentrations supérieures à 40%.

Les figures 52 (a, b et c) illustrent l'évolution de la concentration en fonction de la température et la concentration du sucre. La concentration la plus importante est obtenue avec des températures élevées et des concentrations du sucre faible. L'augmentation de la concentration peut être remplacée par une augmentation de la température pour conserver le même degré de perfaormance du procédé. Ce résultat justufie bien l'analyse statistique (Tableau 25) qui affirme la significativité de l'interaction de ces deux paramètres. Cette interprétion est juste pour tous les débits volumiques.

Tableau 25: Analyse statistique des résultats de la séparation

	Effect	-95,% Cnf.Limt	+95,% Cnf.Limt	Coeff.	p
Mean/Interc.	62,69083	62,57584	62,80583	62,69083	0,000000
Concentration du sucre	7,96500	7,68332	8,24668	3,98250	0,000000
(Concentration du sucre) ²	-0,82875	-1,03606	-0,62144	-0,41438	0,000150
Débit volumique	-0,11250	-0,39418	0,16918	-0,05625	0,351660
(Débit volumique) ²	-1,20125	-1,40856	-0,99394	-0,60063	0,000025
Température du sirop	0,48250	0,20082	0,76418	0,24125	0,007001
(Température du sirop) ²	0,09375	-0,11356	0,30106	0,04687	0,297511
(Concentration du sucre)*(Débit volumique)	-0,29000	-0,68836	0,10836	-0,14500	0,120204
(Concentration du sucre)*(Température du sirop)	-3,08000	-3,47836	-2,68164	-1,54000	0,000006
(Débit volumique)*(Température du sirop)	0,27500	-0,12336	0,67336	0,13750	0,136145

Le débit volumique a un impact sur la performnace du procédé (p < 0.05) mais son impact est faible par comparaison aux autres paramètres.

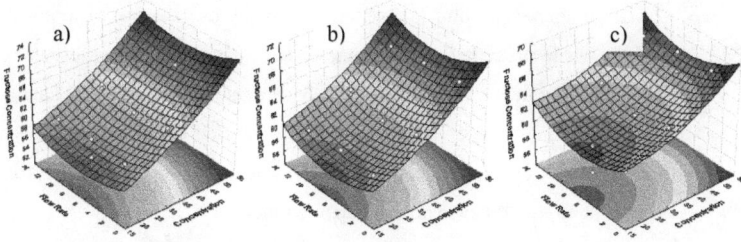

Figure 51: Variation de la concentration du fructose en fonction de la concentration du sucre et du débit aux températures: a)25°C, b) 47,5°C et c)70°C

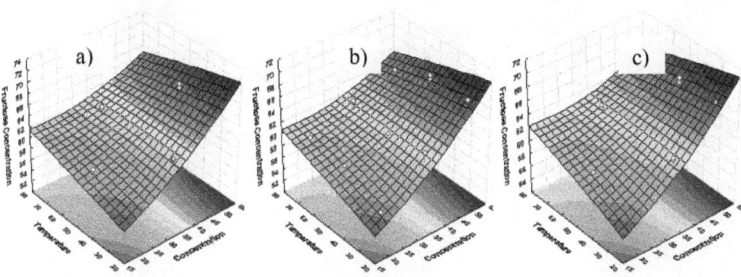

Figure 52:Variation de la concentration du fructose en fonction de la concentration du sucre et de la température pour les débits: a) 2, b) 7 et c) 12ml/min

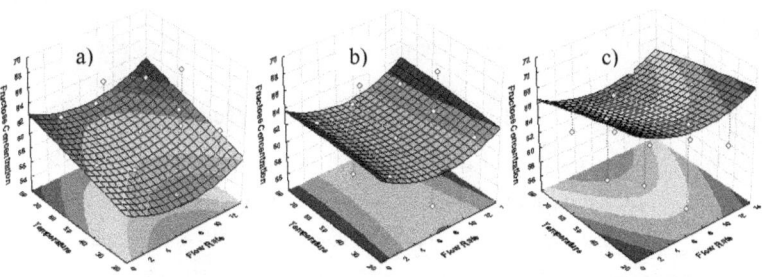

Figure 53: Variation de la concentration du fructose en fonction de la température et du débit aux concentrations de sucre: a) 20, b) 35 et c) 50%

5.2.   Validation du modèle

La comparaison entre la fraction volumique du fructose expérimentale et prédite par le procédé de séparation, de 15 expériences, est représentée par la figure 54. On peut voir que les données de simulation est en excellent accord avec les données expérimentales. Le coefficient de corrélation est acceptable (R^2 =0,987). Ceci suggère que le processus de diffusion de sucre à partir de la date peut être prédit avec précision par le modèle CFD.

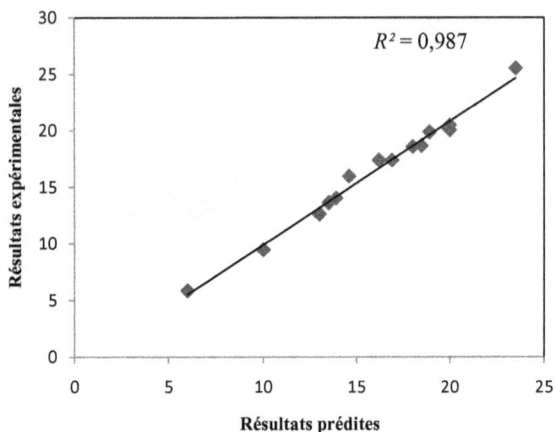

Figure 54: Corrélation entre les résultats prédits et expérimentaux du procédé de séparation

6.   Dévéloppement du cotrôleur du procédé de production du fructose

6.1.   Performance du RNA de la diffusion

Le modèle du RNA est testé et mis au point pour prédire le taux de diffusion du sucre en fonction de la variété, la vitesse d'agitation et le rapport datte/eau. La performance des configurations du RNA a été évaluée en utilisant l'ensemble des données des différentes configurations (Annexe 4). La configuration du RNA qui minimise la valeur de *MSE*, le % d'erreur, et R^2 optimimale, est considérée comme optimale. La meilleure configuration du RNA a trois couches cachées, 15 neurones au niveau supérieur et inférieur. Le MSE et le % d'erreur pour sont 0,149 ct 30,17%, respectivement. Le

141

coefficient de détermination est également acceptable (R^2 =0,89). Les résultats ont montrés une très bonne concordance entre les valeurs prédites et les valeurs souhaitées de diffusion du sucre (R^2 = 0,89).

6.2. Performance du RNA de la bioconversion

Le modèle du RNA est testé et mise au point pour prédire le taux de bioconversion du glucose fonction de la concentration initiale du glucose, la biomasse et le temps. La meilleure configuration du RNA est composée de deux couches cachées, 15 neurons au niveau supérieur et inférieur et avec des fonctions du transfert tangentielle. Le MSE et le % d'erreur sont 0,96 et 4,53%, respectivement. Le coefficient de détermination est également acceptable (R^2 =0,87). Les résultats des différentes configurations sont représentés à l'annexe 5.

6.3. Performance du RNA de la séparation chromatographique

Le modèle du RNA est testé et mise au point pour prédire le %du fructose obtenu aprés séparation chromatographique en fonction de la concentration de sucre, le débit volumique et la température du sirop des dattes. La meilleure configuration du RNA est composée de deux couches cachées, 4 neurones au niveau supérieur et inférieur et avec des fonctions du transfert tangentielle. Le MSE et le % d'erreur sont 0,000015 et 0,04%, respectivement. Le coefficient de détermination est également acceptable (R^2 =0,99). Les résultats des différentes configurations sont représentés à l'annexe 6.

6.4. Dévéloppement de l'interface usagée de la commande du procédé de production

Le programme dévéloppé avec le language visual basic permet de controler le fonctionnement du procédé par :

Control manuel : ce mode permet de commander la fermuture et l'ouverture des électrovannes.

142

Control automatique : ce mode nous permet de controler le procédé par modèle de Réseaux de neurones artificiels ou par le modèle des éléments finis qui sont déjà dévéloppés soit por la diffusion, la bioconversion ou pour la séparation (figure 55).

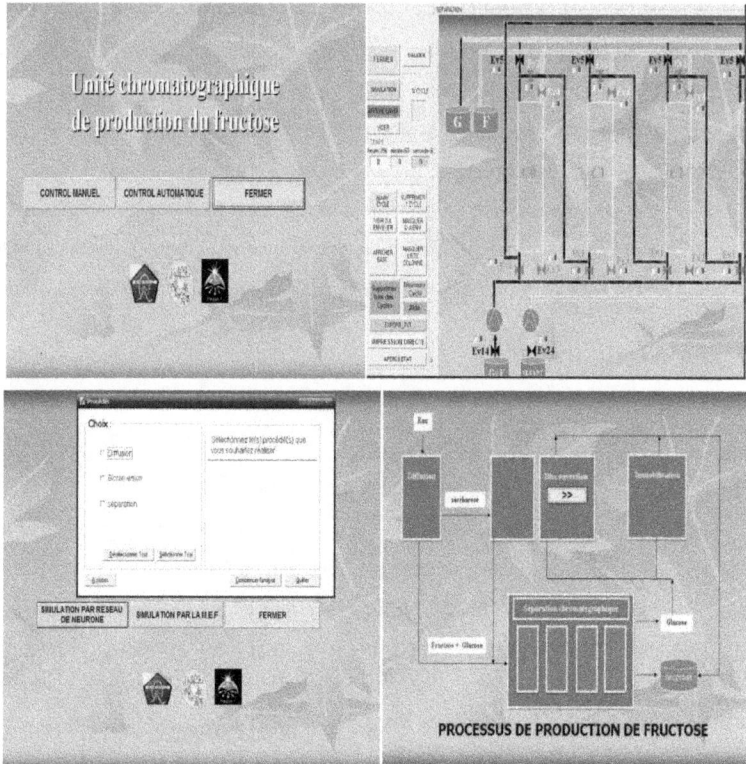

Figure 55: Interfaces du control et du commade du procédé de production du fructose

CHAPITRE 5 : PERSPECTIVES ET CONCLUSIONS GENERALES

La teneur importante des sucres dans les dattes ainsi que la quantité importante des dattes communes produites et de leurs coûts assez bas, sont à l'origine de l'idée de valoriser les dattes par extraction des sucres et principalement le fructose.

A ce terme, on a mis au point un procédé expérimental de production du fructose à partir des dattes. La production de fructose passe par l'étape de la diffusion des sucres, bioconversion du glucose en fructose et enfin la séparation chromatographique du sirop de dattes qui se compose essentiellement du glucose et du fructose. Chaque étape du procédé est gérée par un ensemble de paramètres opératoires qui ont une influence directe sur le resultat finale. Cette multitude de paramètres opératoires rend le procédé complet très complexe et son contrôle devient de plus en plus difficile. Pour cela on a recours à la modélisation afin de mieux comprendre les phénomènes intervenant dans ce procédé, étudier l'effet des paramètres et de ses interactions et finalement déterminer les conditions optimales de production.

Dans ce présent travail on a réussit à :

Créer un modèle de réseaux de neurones artificiels (RNA) pour prédire le coefficient de diffusion de sucre à partir des dattes.

Développer le modèle rhéologique du sirop de dattes

Développer et valider le modèle des éléments finis de prédiction du taux diffusion des sucres à partir des dattes en fonction de la variété, la vitesse d'agitation et la température. Selon les résultats enregistrés à cette partie la diffusion de sucre optimale s'opère avec une vitesse d'agitation de 50 rpm (> 40 rpm), le rapport datte/eau 0,75 (> 0,6) et la variété de datte *Lemsi*.

Développer et valider le modèle des éléments finis de prédiction du taux de bioconversion du glucose en fructose. Le taux de bioconversion optimale est obtenu avec des concentrations faibles en glucose, volume de biomasse élevé et avec un temps moyen.

Développer et valider le modèle des éléments finis de la prédiction de la performance de la séparation chromatographique des sucres en fonction de la

144

concentration initiale en sucre, le débit volumique et la température du sirop sucré.

Créer un contrôleur du procédé par les réseaux neuroniques. Ce contrôleur vise à contrôler et valider les résultats de production en continu prédits par les modèles des éléments finis. Si ces résultats sont validés et accepté, une gamme de plusieurs condition de production sera générée et parmis laquelle on détermine la condition optimale de production à l'aide des algorithmes génétiques.

Les résultats déterminés expérimentalement et théoriquement seront, dans les prochains travaux, l'outil de la prédiction des paramètres de la mise à l'échelle du procédé de production du fructose à partir des dattes en respectant la stratégie de contrôle et d'optimisation déjà développée.

RÉFÉRENCES BIBLIOGRAPHIQUES

Ahmed, I. S., Al-ghaibi, K. N., Daar, A. S., & Kabir, S. (1995b). The composition and properties of date proteins. *Food Chemistry* , 441-446.

Ahmed, I., Ahmed, A., & Robinson, R. (1995a). Chemical composition of date varieties as influenced by the stage of ripening. *Food Chemistry* , 305–309.

Alais, C., & Linden, G. (1999). *Food Biochemistry.* Maryland: Aspen Publishers, Inc.

Al-Hooti, S., Jiuan, S., & Quabazard, H. (1995). Studies on the physiochemical charcteristics of date fruits of five UAE cultivars at different stages of maturity. *Arab Gulf Journal of Scientific Research* , 553-569.

Al-Shahib, W., & Marshall, R. J. (2003a). Fatty acid content of the seeds from 14 varieties of date palm Phoenix Dactylifera L. *International Journal of Food Science and Technology* , 709-712.

Al-Shahib, W., & Marshall, R. J. (2003b). The fruit of the date palm: its possible use as the best food for the future. *International Journal of Food Science and Nutrition* , 247- 259.

Al-Showiman, S. (1990). Chemical composition of some Date Palm Seeds (Phoenix Dactylifera L.) in Saudi Arabia. *The Arab Gulf Journal of Scientific Research* , 15-24.

Ancellin, R., Saul, C., Thomann, C., & Muriel, C. (2004). *Glucides et santé : Etat des lieux, évaluation et recommandations.* Agence française de sécurité sanitaire des aliments.

Aparicio, R., Roda, L., Albi, M., & Gutiérrez, F. (1999). Effect of various compounds on virgin olive oil stability measured by Rancimat. *Journal of Agricultural and Food Chemistry* , 4150-4155.

Azevedo, D., & Rodrigues, A. (2000). SMB Chromatography Applied to The Separation/Purification of Fructose from Cashew Apple Juice. *Brazilian Journal of Chemical Engineering* , 507-516.

Bakker, A., & Van den Akker, H. (1994). A computational model for the gas–liquid Flow in stirred reactors. *Chemical Engineering Research and Design* , 573–582.

Barreveld, W. (1993). *Date palm products.* Rome: FAO Agricultural services bulletin No.101.

Bathe, K. (1996). *Finite Element Procedures.* Prentice Hall.

Ben Salah, M., & Hellali, R. (1995). Evolution de la composition chimique des dattes de trois variétés Tunisiennes de palmier dattier (Phoenix dactylifera L.). *Revue de l'INAT, 10, (2)* , 119-127.

Besbes, S., Blecker, C., Deroanne, C., Drira, N. E., & Attia, H. (2004). Date seeds: chemical composition and characteristic profiles of the lipid fraction. *Food Chemistery* , 577-584.

Bird, R. B., Stewart, W. E., & Lightfoot, E. N. (1960). *Transport Phenomena.* Jhon Wiley & Sons.

Blehaut, J., & Nicoud, R. (1998). Recent aspects in simulated moving bed. *Analysis magazine* , 60-70.

Bouabidi, H., Reynes, M., & Rouissi, M. B. (1996). Critères de caractérisation des fruits de quelques cultivars de palmiers dattiers (Phoenix dactylifera L.) du Sud Tunisien. *Ann. de l'INRAT* , 73-87.

Briet, F., Achour, L., Flourié, B., Beaugerie, L., Pellier, P., Franchisseur, C., et al. (1995). Symptomatic response to varying levels of fructo-oligosaccharides consumed occasionally or regularly. *European journal of clinical nutrition* , 501-507.

Brown, S., Brown, S., Sjoholm, C., & Kelly, R. (1993). Purification and characterization of a highly thermostable glucose isomerase produced by the extremely thermophilic eubacterium, Thermotoga maritima. *Biotechnology and Bioengineering* , 878-886.

C.R.D.A. (2013). *Centre Régional du Développement Agricole, Médenine.*

Chang, C., Song, H. K., Park, B. C., Lee, D. S., & Suh, S. W. (1999). A thermostable xylose isomerase from Thermus caldophilus: biochemical characterization, crystallization, and preliminary X-ray analysis. *Acta Crystallographica Section D* , 294-296.

147

Chen, W. P. (1980). Glucose isomerase. A review. *Process Biochemistry* , 30–41.

Chen, W., Anderson, A., & Han, Y. (1979). Production of Glucose Isomerase by Streptomyces flavogriseus. *Applied and Environmental Microbiology* , 324–331.

Cheynet, P. (1992). Etude de la robustesse du contrôle intelligent face aux fautes induites par les radiations. *Mémoire de thèse en vue de l'obtention du grade docteur à l'institut national polytechnique de Grenoble* .

Coulston, A. M. (1999). The role of dietary fats in plant-based diets. *Americain Journal of Clinical Nutrition* , 512–515.

Danno, G. (1970). Studies on D-glucose-isomerizing enzyme from Bacillus coagulans, strain NH-68. Part V. Comparative study on the three activities of D-glucose, D-xylosee, and D-ribose isomerization of the crystalline enzyme. *Agricultural and Biological Chemistry* , 1805-1814.

Datta, A. (2007). Porous media approaches to studying simultaneous heat and mass transfer in food processes. I: Problem formulations. *Journal of Food Engineering* , 80-95.

Dawson, V. H. (1982). Date production and protection, with special reference to north Africa and the near east. *FAO plant production and production and protection* , 35.

De Roos, N. M., Schouten, E. G., & Katan, M. B. (2001). Consumption of a solid fat rich in Lauric Acid results in a more favorable serum lipid profile in healthy men and women than consumption of a solid fat rich in trans-fatty acids. *Journal of Nutrition* , 242-245.

Dekker, K., Sugiura, A., Yamagata, H., Sakaguchi, K., & Udaka, S. (1992). Efficient production of thermostable Thermus thermophilus xylose isomerase in Escherichia coli and Bacillus brevis. *Applied Microbiology and Biotechnology* , 727-732.

Delarue, J., Normand, S., Pachiaudi, C., Beylot, M., Lamisse, F., & Riou, J. (1993). The contribution of naturally labelled 13C fructose to glucose appearance in ḥumans. *Diabetologia* , 338-345.

Devshony, S., Eteshola, E., & Shani, A. (1992). Characteristics and some potential applications of date palm (Phoenix Dactylifera L.) seeds and seed oil. *Journal of the American Oil Chemists' Society* , 595-597.

Djerbi, M. (1994). *Précis de phoeniciculture.* FAO.

Dreyfus, G., Martinez, J., Samuelides, M., gordon, M., Badran, F., Thiri, S., et al. (2002). *Les réseaux de neurones: Méthodologie et application.* Eyrolles.

Elqotbi, M., Vlaev, S., Montastruca, L., & Nikova, I. (2013). CFD modelling of two-phase stirred bioreaction systems by segregated solution of the Euler–Euler model. *Computers and Chemical Engineering* , 113-120.

El-Shurafa, M., Ahmed, H., & Abou-Naji, S. (1982). Organic and inorganic constituent of dates palm pits (seeds). *Journal of Date Palm* , 275-284.

Estanove, P. (1990). Valorisation de la datte. *Options Méditerranéennes : Série A. Séminaires Méditerranéens* , 301-318.

FLUENT 6.3., S. (2006). *Getting Started Guide.* Canonsburg, Pennsylvanie, USA: Fluent Inc.

Gabsi, K., Trigui, M., Barrington, S., Helal, A. N., & Taherian, A. R. (2013). Evaluation of rheological properties of date syrup. *Journal of Food Engineering* , 165–172.

Gabsi, K., Trigui, M., Helal, A. N., Barrington, S., & Taherian, A. R. (2013). CFD modeling to predict diffused date syrup yield and quality from sugar production process. *Journal of food engineering* , 205-212.

Gopalan, C., Ramasastri, B. V., & Balasubramanian, S. C. (1971). *Nutritive value of Indian foods.* National Institute of Nutrition, Indian Council of Medical Research.

Gordon, M., & Bushra, A. D. (1989). Prediction of multicomponent adsorption equilibrium data using empirical correlations. *The Chemical Engineering Journal* , 9-23.

Gramblička, M., & Polakovič, M. (2003). Adsorption equilibria of saccharides pertinent to the enzymatic production of fructooligosaccharides from sucrose. *Slovak grant agency for science VEGA* .

Grigelmo, N. M., Ibarz, A. R., & Martin, O. B. (1999). Rheology of peach dietary fibre suspensions. *Journal of Food Engineering* , 91-99.

Hamada, J., Hashim, I., & Sharif, A. (2002). Preliminary analysis and potential uses of date pits in foods. *Food Chemistry* , 135-137.

Haykin, S. (1994). *Neural Networks. A Comprehensive Foundation.* New York: Macmillan.

Heacock, P. M., Hertzler, S. R., & Wolf, B. W. (2002). Fructose prefeeding reduces the glycemic response to a high-glycemic index, starchy food in humans. *Journal of Nutrition* , 2601–2604.

I.N.S. (2013). *Institut National des Statistiques.*

Ishii, M., & Zuber, N. (1979). Drag coefficient and relative velocity in bubbly, droplet or particulate flows. *American Institute of Chemical Engineers Journal* , 843-855.

Ishrud, O., Zahid, M., Ahmed, V., & Pan, Y. (2001). Isolation and structure analysis of a glucomannan from the seeds of Libyan dates. *Journal of agricultural and food chemistry* , 3772–3774.

Kasumi, T., Hayashi, K., & Tsumura, N. (1982). Role of cobalt in stabilizing the molecular structure of glucose isomerase from Streptomyces griseofuscus. *Agricultural and Biological Chemistry* , 21-30.

Lairon, D. (1996). Dietary fibres: effects on lipid metabolism and mechanisms of actions. *European journal of clinical nutrition* , 125-133.

Lameloise, M. (2000). Principes de la modélisation de procédés continues de séparation chromatographique dans l'industrie sucrière. *Association AVH* , 55-61.

LeVan, M. D., & Vermeulen, T. (1981). Binary langmuir and freundlich isotherms for ideal adsorbed solutions. *The Journal of Physical Chemistry* , 3247-3250.

Liu, W., & Budtova, T. (2012). Dissolution of unmodified waxy starch in ionic liquid and solution rheological properties. *Journal of Carbohydrate Polymers* , 1-8.

Mahjoub, A., & Jraidi, Z. (1992). Elaboration d'une boisson gazeuse etd'une confiture aromatiseé à partir de deux variétés de dattes. *INAT* , 37–44.

Mayes, P. A. (1999). *Harper Biochimie : Nutrition.* Mc Graw-Hill.

McCulloch, W. S., & Pitts, W. (1943). A Logical Calculus of the Ideas Immanent in Nervous Activity. *Bulletin of Mathematical Biophysics* , 115-133.

Michalewicz, Z., Deb, K., Schmidt, M., & Stidsen, T. (1997). *Evolutionary algorithms for engineering applications.* New York: Wiley.

Moure, A., Cruz, J. M., Franco, D., Dominguez, J. M., Sineiro, J., Domínguez, H., et al. (2001). Natural antioxidants from residual sources. *Food Chemistry* , 145-171.

Munier, P. (1973). Techniques Agricoles et Production Tropicales XXIV : Le palmier dattier . *Edition Maisonneuve et Larose* , 221.

Neurosolutions Software, v. (2006). *The neural network simulation environment: Getting started manual.* FL USA: NeuroDimension Inc.

Nezam El-Din, A., & Bukhaev, V. (1984). Tannin and pectin contents of Zahdi date and its by products. *The Date Palm Journal* , 425-436.

Nigrin, A. (1993). *Neural Networks for Pattern Recognition.* Cambridge, Massachusetts: The MIT Press.

Nikov, I., Doneva, G., & Vasssilieff, C. (1988). Catalytic and biocatalytic oxidation of glucose to gluconic acid in a modified three-phase reactor. *In Proc. 2nd int. symp.on catalysis in multiphase reactors Toulouse, France* , 383.

O.N.C. (2013). *Office National de Commerce.*

Ochoa-Martinez, C., & Ayala-Aponte, A. (2006). 6. Ochoa-Martinez, C.I.; Ayala-Aponte, A.A. Prediction of mass transfer kinetics during osmotic dehydration of apples using neural networks. *Lebensmittel-Wissenschaft und - Technologie* , 638-645.

Parizeau, M. (2004). *Réseaux de neurones.* Université Laval.

Park, Y., & Yetley, E. (1993). Intakes and food sources of fructose in the United States. *American journal of clinical nutrition* , 737-747.

Patrick, V. d. (1996). *An Introduction to Neural Networks.*

Philibert, J. (1985). *Diffusion et transport de matière dans les solides.* Les éditions de physique.

Ramulu, P., & Rao, P. U. (2003). Total, insoluble and soluble dietary fiber contents of Indian fruits. *Journal of Food Composition and Analysis* , 677–685.

Rao, M., Cooley, M. J., & Vitali, A. A. (1984). Flow properties of concentrated juices at low temperatures. *Food Technology* , 113-119.

Reynes, M., Bouabidi, H., Piompo, G., & Risterucci, A. M. (1994). Caractérisation des principales variétés de dattes cultivées dans la région du Djérid en Tunisie. *Fruits* , 289-298.

Rhouma, A. (1994). Le palmier dattier en Tunisie : Le patrimoine génétique. *Edition Arabesques* .

Rinderknecht, H. (1959). The free amino acid pattern of dates in relation to their darkening during maturation and storage . *Food Research* , 298-304.

Robyt, J. F. (1998). *Essentials of Carbohydrate Chemistry.* New York: Springer Verlag.

Rosenblatt, F. (1958). The Perceptron: A Probabilistic Model for Information Storage and Organization in the Brain. *Cornell Aeronautical Laboratory, Psychological Review* , 386-408.

Ruthven, D. (1984). *Principles of Adsorption and Adsorption Processes.* Wiley.

Ruthven, D., & Ching, C. (1989). Counter-current and simulated counter-current adsorption separation processes. *Chemical Engineering Science* , 1011-1038.

Saafi, E., Trigui, M., Thabet, R., Hammami, M., & Achour, L. (2008). Common date palmin Tunisia: chemical composition of pulp and pits . *International Journal of Food Science and Technology* , 2033–2037.

Salim, S., & Ahmed, A. (1992). Protein and amino acid contents of some Saudi Arabian Date Palm seeds (Phoenix Dactylifera L.). *The Arab Gulf Journal of Scientific Research* , 1-9.

Saravacos, G. D. (1970). Effect of temperature on viscosity of fruit juices and purees. *Journal of Food Science* , 122-125.

Savidan, L. (1963). *La Chromatography.* Paris: DUNOD.

Sawaya, W. N., Miski, A. M., Khalil, J., Khatchadourian, H. A., & Mashadi, A. (1983a). Physical and chemical characterisation of the major date varieties grown in Saudi Arabia: I. Morphological measurements, proximate and mineral Analyses. *Journal of Date Palm* , 1-25.

Sawaya, W. N., Safi, W. M., Black, L. T., Mashadi, A. S., & Al-Muhammad, M. M. (1983b). Physical and chemical characterisation of the major date varieties grown in Saudi Arabia: II. Sugars, tannins, vitamins A and C. *Journal of Date Palm* , 183-196.

Schramm, H., Keinle, A., Kaspereit, M., & Seidel-Morgenstern, A. (2003). Improved operation of simulated moving bed process through cyclic modulation of feed flow and feed concentration. *Chemical engineering science* , 5217-5227.

Shiota, K., Kogo, Y., Ohgane, J., Imamura, T., Urano, A., Nishino, K., et al. (2002). Epigenetic marks by DNA methylation specific to stem, germ and somatic cells in mice. *Genes Cells* , 961–969.

Snehalata, H., Bhosale, M. B., & Vasanti, V. D. (1996). Molecular and industrial aspects of glucose isomerase. *Microbiology Review* , 280-300.

Srivastava, P., Shukla, S., Choubey, S., & Gomase, V. (2010). solation, Purification & Characterization of Glucose Isomerase Enzyme form Streptomyces species isolated from Parbhani Region. *Journal of Enzyme Research* , 01-10.

Steffe, J. F. (1992). *Rheological methods in food process.* East Lansing MI: Freeman Press.

Suekane, M., Tamura, M. C., & Tomomura, J. (1978). Physico-chemical and enzymatic properties of purified glucose isomerase from Streptomyces olivochromogenes and Bacillus stearothermophilus. *Agricultural and Biological Chemistry* , 909-917.

Table Curve software, 2. (2002). *Getting started manual v. 5.01.* Illinois, Chicago, USA.: SYSTAT Software Inc.

Thiebaud, D., Jacot, E., Schmitz, H., Spengler, M., & Felber, J. (1984). Comparative study of isomalt and sucrose by means of continuous indirect calorimetry. *Metabolism* , 808-813.

Tissot, S., Normand, S., Guilluy, R., Pachiaudi, C., Beylot, M., Laville, M., et al. (1990). Use of a new gas chromatograph isotope ratio mass spectrometer to trace exogenous 13C labelled glucose at a very low level of enrichment in man. *Diabetologia* , 449-456.

Tomassini, M. (1999). *Parallel and distributed evolutionary algorithms: A Review.* New York: Wiley.

Toutain, G. (1967). Le palmier dattier culture et production. *Al Awamia* , 83-151.

Touzet, C. (1992). *Les réseaux de neurones artificiels: Introduction au connexionisme.* Nanterre.

Trigui, M., Gabsi, K., Helal, A. N., & Barrington, S. (2010). Modular feed forward networks to predict sugar diffusivity from date pulp PartI: Model validation. *International journal of food properties* , 356-370.

Van Bastelaere, P., Vangrysperre, W., & Kersters-Hilderson, H. (1991). Kinetic studies of Mg(2+)-, Co(2+)- and Mn(2+)-activated D-xylose isomerases. *Biochemical Journal* , 285-292.

Van Brakel, J., & Heertjes, P. (1974). Analysis of diffusion in macroporous media in terms of a porosity, a tortuosity and a constrictivity factor. *International Journal of Heat and Mass Transfert* , 1093-1103.

Vayalil, P. K. (2002). Antioxidant and antimutagenic properties of aqueous Extract of Date Fruit (Phoenix dactylifera L. Arecaceae). *Journal of Agricultural and Food Chemistry* , 610-617.

Veraverbeke, A., Verboven, P., Oostveldt, P., & Nicolaï, B. (2003). Prediction of moisture loss across the cuticle of apple (Malus sylvestris subsp. mitis (Wallr.)) during storage,Part 1: Model development and determination of diffusion coefficients. *Postharvest Biology and Technology* , 75-88.

Zaid, A., & De-Wet, P. F. (1999). Date Palm Cultivation: II. Origin, Geographical distribution and nutritional values of date palm . *FAO, Plant production and protection Paper* , 29-42.

Zhang, Y., Hidajat, K., & Ray, A. (2004). Optimal design and operationof SMB bioreactor: production of high fructose syrupby isomerization of glucose. *Biochemical Engineering Journal* , 111-121.

Zonszain, F., Audigié, C., & Dupont, G. (1995). *Principes des méthodes d'analyse biochimique.* DION.

ANNEXES

Annexe 1: Bouillon nutritif

Préparation :

- Mettre en solution 20,0 g de milieu déshydraté (BK003) dans 1 litre d'eau distillée ou déminéralisée.
- Agiter lentement jusqu'à dissolution complète.
- Répartir en tubes ou en flacons.
- Stériliser à l'autoclave à 121°C pendant 15 minutes.

Composition :

- Tryptone   10 g/l
- Extrait de viande   5 g/l
- Chlorure de sodium   5 g/l

Annexe 2 : Performances des différentes configurations du RNA trainees avec des données pour la topologie I

Nbre de couches cachées (CC)	Nbre de neurones par CC		Fonction du transfert	MSE	% Error	AIC	MDL	R²
	Niveau supérieur	Niveau inférieur						
1	2	2	TanH	0,238	47,64	282,83	109,51	0,006
1	3	3	TanH	0,015	15,609	269,33	215,637	0,968
1	4	4	TanH	0,342	39,56	396,63	156,38	0,037
1	5	5	TanH	0,013	15,02	333,422	270,378	0,921
1	6	6	TanH	1,08	31,68	370,38	149,26	0,229
1	7	7	TanH	0,086	35,81	323,71	270,019	0,501
1	8	8	TanH	0,284	41,26	171,716	65,33	0,047
1	9	9	TanH	0,082	29,850	311,983	203,971	0,504
1	10	10	TanH	0,583	25,37	369,305	146,983	0,504
2	2	2	TanH	0,276	34,21	307,56	119,908	0,582
2	3	3	TanH	0,006	11,34	1778,63	1519,2	0,96
2	4	4	TanH	0,257	24,45	671,22	266,02	0,693
2	5	5	TanH	0,007	30,21	1734,94	1492,39	0,505
2	6	6	TanH	0,251	21,36	587,089	232,091	0,722
2	7	7	TanH	0,013	14,37	2300,66	1573,42	0,940
2	8	8	TanH	0,257	26,12	529,21	208,87	0,672
2	9	9	TanH	0,005	9,62	1641,38	1399,635	0,972
2	10	10	TanH	0,286	31,54	325,74	127,331	0,452
1	2	2	Sig	0,076	30,66	9,149	-3,998	0,045
1	3	3	Sig	0,026	30,36	373,639	241,079	0,409
1	4	4	Sig	0,072	33,08	42,899	9,431	0,064
1	5	5	Sig	0,022	29,78	-69,83	-76,78	0,313
1	6	6	Sig	0,074	32,8	9,03	-4,118	0,046
1	7	7	Sig	0,022	45,69	-99,722	-102,66	0,320
1	8	8	Sig	0,078	33,08	79,267	24,285	0,062
1	9	9	Sig	0,021	23,08	139,41	104,416	0,303
1	10	10	Sig	0,074	35,97	69,012	20,006	0,030
2	2	2	Sig	0,075	33,26	1245,09	493,267	0,064
2	3	3	Sig	0,022	32,77	181,933	141,32	0,483
2	4	4	Sig	0,075	31,45	1841,06	733,034	0,096
2	5	5	Sig	0,024	35,079	483,151	402,745	0,398
2	6	6	Sig	0,22	32,899	327,962	267,962	0,462
2	7	7	Sig	0,221	32,75	306,051	248,884	0,467
2	8	8	Sig	0,022	32,908	469,92	390,853	0,467
2	9	9	Sig	0,022	33,197	1534,01	1312,83	0,452
2	10	10	Sig	0,022	32,93	1106,17	942,157	0,449
1	2	2	Bias	0,101	35,319	-51,246	-54,185	0,356
1	3	3	Bias	0,155	51,261	-45,65	-47,519	0,106
1	4	4	Bias	0,101	35,319	-51,246	-54,185	0,356
1	5	5	Bias	0,101	35,32	-51,246	-54,185	0,356
1	6	6	Bias	0,101	35,319	-51,246	-54,185	0,356
1	7	7	Bias	0,101	35,319	-51,246	-54,185	0,356
1	8	8	Bias	0,101	35,318	-51,246	-54,185	0,356
1	9	9	Bias	0,155	35,223	-51,201	-53,605	0,270
1	10	10	Bias	0,155	51,261	-45,65	-47,519	0,106

2	2	2	*Bias*	0,101	35,349	-43,232	-47,239	0,356
2	3	3	*Bias*	0,101	35,476	-43,24	-47,25	0,356
2	4	4	*Bias*	0,101	35,335	-23,231	-29,909	0,356
2	5	5	*Bias*	0,101	35,476	-43,24	-47,25	0,356
2	6	6	*Bias*	0,114	35,570	-43,24	-46,714	0,269
2	7	7	*Bias*	0,006	10,005	820,184	689,289	0,956
2	8	8	*Bias*	0,006	8,678	1174,80	996,093	0,964
2	9	9	*Bias*	0,101	35,476	-43,24	-47,25	0,356
2	10	10	*Bias*	0,101	35,476	-43,244	-47,251	0,356

Annexe 3: Performances des différentes configurations du RNA trainées avec
des données pour la topologie II

Nbre de couches cachées (CC)	Nbre de neurones par CC		Fonction du transfert	MSE	% Error	AIC	MDL	R^2
	Niveau supérieur	Niveau inférieur						
1	2	2	TanH	0,089	37,11	140,707	111,59	0,504
1	3	3	TanH	0,025	19,54	304,56	248,19	0,874
1	4	4	TanH	0,008	11,35	119,61	83,286	0,944
1	5	5	TanH	0,093	33,39	62,046	43,614	0,426
1	6	6	TanH	0,095	26,575	263	217,855	0,393
1	7	7	TanH	0,014	16,031	347,086	282,707	0,912
1	8	8	TanH	0,093	36,894	252,088	163,1	0,418
1	9	9	TanH	0,01	12,17	296,823	237,78	0,946
1	10	10	TanH	0,008	13,01	250,094	196,4	0,944
2	2	2	TanH	0,094	26,86	1104,518	946,91	0,399
2	3	3	TanH	0,007	10,75	2232,4	1913,17	0,974
2	**4**	**4**	**TanH**	**0,009**	**3,85**	**1864,29**	**1585,41**	**0,994**
2	5	5	TanH	0,007	11,09	1109,27	940,18	0,952
2	6	6	TanH	0,09	33,92	2249,003	1938,32	0,396
2	**7**	**7**	**TanH**	**0,0037**	**8,05**	**702,979**	**585,174**	**0,98**
2	8	8	TanH	0,01	13,04	726,935	610,66	0,931
2	9	9	TanH	0,025	20,5	1639,45	1118,42	0,846
2	10	10	TanH	0,004	8,092	758,8	634,05	0,974
1	2	2	Sig	0,022	33,267	-99,786	-102,72	0,438
1	3	3	Sig	0,022	24,038	-18,192	-28,755	0,271
1	4	4	Sig	0,022	32,57	-99,801	-102,73	0,435
1	5	5	Sig	0,022	33,14	-100,016	-102,95	0,443
1	6	6	Sig	0,021	32,97	-50,15	-59,773	0,446
1	7	7	Sig	0,022	33,267	-89,932	-94,206	0,444
1	8	8	Sig	0,021	33,639	-80,319	-85,929	0,454
1	9	9	Sig	0,022	33,34	-100,324	-103,263	0,457
1	10	10	Sig	0,025	36,26	-98,8	-101,209	0,348
2	2	2	Sig	0,021	32,92	337,612	276,172	0,451
2	3	3	Sig	0,022	32,175	-9,76	-24,719	0,446
2	4	4	Sig	0,021	33,251	335,119	273,94	0,458
2	5	5	Sig	0,021	32,69	479,18	398,76	0,455
2	6	6	Sig	0,015	30,905	696,425	345,923	0,197
2	7	7	Sig	0,022	32,469	73,929	47,75	0,455
2	8	8	Sig	0,022	32,782	115,785	83,996	0,446
2	9	9	Sig	0,027	32	1006,29	679,801	0,4
2	10	10	Sig	0,021	33,069	173,502	133,966	0,455
1	2	2	Bias	0,101	35,31	-51,246	-54,185	0,356
1	3	3	Bias	0,101	35,32	38,75	23,79	0,356
1	4	4	Bias	0,101	35,31	-51,246	-54,185	0,356
1	5	5	Bias	0,101	35,31	-51,246	-54,185	0,356
1	6	6	Bias	0,115	35,22	28,798	15,709	0,269
1	7	7	Bias	0,101	35,319	-1,246	-10,863	0,356
1	8	8	Bias	0,101	35,32	158,752	127,765	0,356
1	9	9	Bias	0,101	36,455	108,673	84,364	0,356

1	10	10	*Bias*	0,101	35,31	-51,246	-54,185	0,356
2	3	3	*Bias*	0,101	35,476	-43,24	-47,25	0,356
2	4	4	*Bias*	0,101	35,335	-23,231	-29,909	0,356
2	5	5	*Bias*	0,101	35,476	-43,24	-47,25	0,356
2	6	6	*Bias*	0,114	25, 750	-134,24	-146,714	0,612
2	7	7	*Bias*	0,006	10,005	820,184	689,289	0,956
2	8	8	*Bias*	0,006	8,678	1174,805	996,093	0,964
2	9	9	*Bias*	0,101	35,476	-43,24	-47,25	0,356
2	10	10	*Bias*	0,101	35,476	-43,244	-47,251	0,356

Annexe 4: Performances des différentes configurations du RNA de la
prédiction du taux de diffusion de sucre à partir des dattes

Nbre de couches cachées	Nbre de neurones par couche		fonction	MSE	R^2	% error	AIC	MDL
	Niveau supérieur	Niveau inférieur						
2	1	1	TanH	0,3048	0,70576801	56,3835	1372,924	1287,911
2	2	2	TanH	0,2889	0,84070561	54,8118	1136,608	1065,565
2	3	3	TanH	0,0455	0,79281216	19,885	1787,1192	1344,733
2	4	4	TanH	0,2929	0,88080102	57,4506	1277,208	1197,807
2	5	5	TanH	0,2522	0,77961836	49,9781	1762,7709	1653,997
2	6	6	TanH	0,2114	0,79762761	38,4253	1425,18	1336,108
2	7	7	TanH	0,3055	0,72660281	56,0967	1395,013	1308,687
2	8	8	TanH	0,2336	0,78694641	36,5886	777,484	727,3366
2	9	9	TanH	0,2064	0,81380245	36,0879	1396,163	1308,763
2	10	10	TanH	0,201	0,82864609	39,7495	1861,023	1745,802
2	11	11	TanH	0,3341	0,73753744	39,883	1548,8647	1453,5836
2	12	12	TanH	0,4495	0,69105969	74,5392	789,6204	740,4276
2	13	13	TanH	0,2472	0,8930628	49,0592	1117,9085	1047,5819
2	14	14	TanH	0,19139	0,70516196	37,3667	810,9028	758,2475
2	15	15	TanH	0,3684	0,82119844	67,348	263,071	244,8028
2	16	16	TanH	0,3646	0,83429956	63,2199	1206,6226	1131,9976
2	17	17	TanH	0,3347	0,50922496	49,6625	1222,9433	1147,1243
2	18	18	TanH	0,5239	0,58354321	78,6293	870,2051	816,5945
2	19	19	TanH	0,1797	0,82448216	41,6323	1680,2008	1575,4871
2	20	20	TanH	0,4132	0,74287161	69,6421	1024,0022	960,6009
2	1	1	Sig	0,1336	0,82537225	35,9358	2283,453	2141,964
2	2	2	Sig	0,1316	0,79977249	35,5512	2478,8	2325,609
2	3	3	Sig	0,1598	0,78074896	39,3206	1177,155	1102,1726
2	4	4	Si	0,079	0,81288256	27,1539	2370,881	2222,825
2	5	5	Sig	0,1293	0,78375609	35,2064	2034,053	1907,369
2	6	6	Sig	0,1532	0,78659161	38,5889	1563,343	1465,196
2	7	7	Sig	0,1641	0,28676025	52,3008	894,3076	836,2792
2	8	8	Sig	0,126	0,80478841	34,6267	1624,949	1522,623
2	9	9	Sig	0,1008	0,80192025	30,8955	2153,347	2018,9036
2	10	10	Sig	0,168	0,77845329	41,8508	1153,428	1079,997
2	11	11	Sig	0,3341	0,73753744	39,883	1548,8647	1453,5836
2	12	12	Sig	0,0412	0,82700836	23,725	1852,9468	1734,1439
2	13	13	Sig	0,04254	0,83777409	23,4994	1744,242	1632,0060
2	14	14	Si	0,4009	0,83612736	23,2392	2279,694	2135,3402
2	15	15	Sig	0,04025	0,82826381	23,4179	1785,8599	1670,9972
2	16	16	Sig	0,0399	0,83576164	22,9159	2321,5402	2174,6783
2	17	17	Sig	0,0434	0,83265625	23,6121	1261,1178	1177,7766
2	18	18	Sig	0,4613	0,69155856	73,7595	936,7307	878,821
2	19	19	Sig	0,0394	0,82555396	23,7736	1702,9573	1592,9899
2	20	20	Sig	0,0398	0,82737216	23,3157	1829,4658	1711,9763

3	1	1	*TanH*	0,31	0,87871876	58,7851	2505,64	2353,046
3	2	2	*TanH*	0,4823	0,84566416	59,718	743,9789	442,783
3	3	3	*TanH*	0,3416	0,77862976	47,0149	1409,824	1322,901
3	4	4	*TanH*	0,1647	0,86248369	30,0491	740,449	691,6145
3	5	5	*TanH*	0,2023	0,79459396	30,7097	2401,286	2253,827
3	6	6	*TanH*	0,2222	0,87778161	48,8928	1529,331	1434,17
3	7	7	*TanH*	0,2698	0,87030241	51,9633	3029,667	2845,433
3	8	8	*TanH*	0,4467	0,817216	74,373	2315,351	2175,056
3	9	9	*TanH*	0,3552	0,67415594	59,7478	2363,492	2219,735
3	10	10	*TanH*	0,564	0,79138816	43,2075	2175,38	2044,0402
3	11	11	*TanH*	0,2321	0,87179569	40,76306	2011,1988	1887,3811
3	12	12	*TanH*					
3	13	13	*TanH*	0,1666	0,25441936	53,0024	2566,9617	2409,115
3	14	14	*TanH*	0,2665	0,85507009	53,0772	1831,1386	1718,425
3	**15**	**15**	***TanH***	**0,1499**	**0,8998**	**30,1768**	**1190,4224**	**1060,754**
3	16	16	*TanH*	0,2545	0,86322681	24,0301	1513,1681	1419,3197
3	17	17	*TanH*	0,2798	0,80550625	55,1306	2355,2388	2211,3619
3	18	18	*TanH*	0,2099	0,84309124	26,0187	1858,873	1742,8911
3	19	19	*TanH*	0,2004	0,79393446	37,7379	294,893	273,1629
3	20	20	*TanH*	0,14106	0,85242749	31,6572	2241,7832	2102,9211
3	1	1	*Sig*	0,1653	0,87628321	53,6234	2092,615	1963,066
3	2	2	*Sig*	0,1648	0,00190532	53,8596	2710,483	2544,04
3	3	3	*Sig*	0,1658	0,36300625	53,3267	3022,741	2837,672
3	4	4	*Si*	0,1652	0,00073441	53,7851	2968,581	2786,735
3	5	5	*Sig*	0,1659	0,53421481	53,5458	1492,781	1399,052
3	6	6	*Sig*	0,1661	0,78889924	53,85	3292,83	3091,641
3	7	7	*Sig*	0,1647	0,68707521	53,3908	3084,464	2895,693
3	8	8	*Sig*	0,1668	0,54538225	53,2804	3530,993	3315,595
3	9	9	*Sig*	0,1644	0,88943761	51,6924	1794,386	1682,628
3	10	10	*Sig*	0,05241	0,558009	48,5889	2768,0807	2092,0803
3	11	11	*Sig*	0,16506	0,08133904	53,91708	1528,5386	1432,6604
3	12	12	*Sig*	0,1661	0,81208025	52,0491	3028,8286	2843,4004
3	13	13	*Sig*	0,1645	0,87153321	25,6597	2132,3968	2000,4599
3	14	14	*Si*	0,1666	0,38601369	53,3561	2222,94	2085,6325
3	15	15	*Sig*	0,1662	0,02331729	53,4785	3048,8406	2862,2185
3	16	16	*Sig*	0,1668	0,88072836	52,9837	2684,992	2520,1006
3	17	17	*Sig*	0,1654	0,77404804	53,1112	2740,6424	2572,4078
3	18	18	*Sig*	0,1666	0,82132481	52,4615	3592,9569	3373,858
3	19	19	*Sig*	0,03406	0,87928129	24,4542	56,6883	44,6289
3	20	20	*Sig*	0,1667	0,05973136	53,4685	1850,9662	1735,8646

Annexe 5: Performances des différentes configurations du RNA de la prédiction du taux de bioconversion du glucose

Nbre de couche. cachée.	Nbre de neurones par couche		fonction	MSE	R^2	% error	AIC	MDL
	Niveau supérieur	Niveau inférieur						
1	1	1	TanH	0,979	0,1154640	92,782	109,4486	89,0463
1	2	2	TanH	0,4539	0,0183060	66,4344	65,4655	49,5145
1	3	3	TanH	0,3044	0,3821712	50,5309	7,0783	0,0302
1	4	4	TanH	0,9117	0,1301766	138,9400	107,5978	87,1954
1	5	5	TanH	0,8973	0,2156673	137,9937	59,184	47,6845
1	6	6	TanH	0,9117	0,016641	138,9382	95,5969	77,4202
1	7	7	TanH	0,8784	0,0753502	136,6238	34,6295	27,5814
1	8	8	TanH	0,433	0,3717340	61,6344	76,2441	58,0675
1	9	9	TanH	0,8196	0,1041352	130,7882	140,8288	113,7491
1	10	10	TanH	0,52733	0,3247860	65,7626	81,1839	63,0072
1	11	11	TanH	1,05400	0,0676104	97,7968	255,3675	208,2567
1	12	12	TanH	0,9113	0,5538336	138,9134	83,5865	67,665
1	13	13	TanH	0,6384	0,0376748	113,2734	170,3315	136,5749
1	14	14	TanH	1,0655	0,1120240	94,3371	39,6509	32,6028
1	15	15	TanH	0,445	0,0592435	51,7342	16,949	9,9009
1	16	16	TanH	0,2583	0,0161036	62,4845	2,8117	-4,2363
1	17	17	TanH	0,8075	0,0949256	131,5248	20,4422	15,6198
1	18	18	TanH	0,8119	0,1327144	96,87807	272,5831	221,0208
1	19	19	TanH	0,8946	0,2941977	137,8105	107,1052	86,7029
1	20	20	TanH	0,3375	0,3793328	53,05772	9,7656	2,7175
1	1	1	Sig	0,0508	0,1698264	65,9152	188,5628	139,2262
1	2	2	Sig	0,0345	0,3339684	56,6144	202,4864	148,6984
1	3	3	Sig	0,0325	0,2586739	53,2451	20,9261	0,523
1	4	4	Si	0,0424	0,1680180	60,3758	87,8848	56,3539
1	5	5	Sig	0,0338	0,3561702	56,1826	213,9785	157,9648
1	6	6	Sig	0,0643	0,0558518	74,3943	170,684	125,799
1	7	7	Sig	0,03426	0,2470487	54,2966	166,2875	119,1766
1	8	8	Sig	0,03996	0,1998449	59,2321	218,2849	162,2712
1	9	9	Sig	0,03611	0,2839824	55,6015	215,6516	159,637
1	10	10	Sig	0,03028	0,3228512	52,47507	199,0788	145,2908
1	11	11	Sig	0,0357	0,2962624	55,5978	203,3687	149,5807
1	12	12	Sig	0,07489	0,0508051	79,6115	210,6176	159,0553
1	13	13	Sig	0,0334	0,2909523	53,9959	-38,3058	-47,5796
1	14	14	Si	0,0382	0,2754150	57,9884	205,1133	151,3253
1	15	15	Sig	0,05183	0,1688388	66,3100	-50,9543	-55,7766
1	16	16	Sig	0,0373	0,212521	57,3789	216,5135	160,4998
1	17	17	Sig	0,04011	0,2554291	59,0692	206,3828	152,5948
1	18	18	Sig	0,0302	0,3496356	53,1685	163,0166	115,9058

163

1	19	19	*Sig*	0,0684	0,1040707	76,3153	28,26507	10,0884
1	20	20	*Sig*	0,03565	0,3216024	56,6196	203,3183	149,5303
2	1	1	*TanH*	1,8104	0,0508051	83,6260	142,1552	71,2891
2	2	2	*TanH*	1,00925	0,5217172	445,771	222,1198	142,4744
2	3	3	*TanH*	1,0148	0,7614307	447,461	398,1913	255,4038
2	4	4	*TanH*	1,0258	0,4041144	458,795	158,3321	101,6476
2	5	5	*TanH*	1,7795	0,4876228	83,5621	238,0345	117,8702
2	6	6	*TanH*	1,0248	0,4138348	473,000	334,5456	214,7189
2	7	7	*TanH*	2,05302	0,0027457	89,1945	611,0352	299,8405
2	8	8	*TanH*	0,96654	0,7209708	440,159	749,5576	480,4857
2	9	9	*TanH*	0,81608	0,8497152	401,200	69,357	43,527
2	10	10	*TanH*	0,96138	0,1228502	426,237	341,4880	218,7912
2	11	11	*TanH*	1,8872	0,4744454	85,6787	166,4458	83,2551
2	12	12	*TanH*	0,8591	0,8355788	368,823	348,026	222,46
2	13	13	*TanH*	1,0055	1E-14	419,109	162,0716	103,958
2	14	14	*TanH*	2,06887	0,0632019	89,5962	869,089	425,4056
2	**15**	**15**	***TanH***	**0,9672**	**0,8747860**	**4, 53917**	**219,5665**	**140,6388**
2	16	16	*TanH*	1,12288	0,8496522	482,470	316,9567	202,8701
2	17	17	*TanH*	0,4157	0,2000772	57,0064	367,1814	294,8458
2	18	18	*TanH*	0,2313	0,1919316	46,5985	1077,943	870,9526
2	19	19	*TanH*	0,2326	0,1079779	52,4750	680,0896	546,9179
2	20	20	*TanH*	0,3346	0,059536	72,7641	63,5405	46,4767
2	1	1	*Sig*	0,03009	0,1390544	53,3268	-25,0915	-37,3329
2	2	2	*Sig*	0,0344	0,0949872	56,5361	-33,5735	-43,589
2	3	3	*Sig*	0,042	0,3731988	60,7329	871,638	694,694
2	4	4	*Si*	0,0405	0,4812196	60,1827	822,653	654,612
2	5	5	*Sig*	0,0286	0,1488416	52,265	93,6444	59,1459
2	6	6	*Sig*	0,3615	0,194481	58,4752	184,7752	113,7402
2	7	7	*Sig*	0,04331	0,6624332	62,834	992,3807	793,179
2	8	8	*Sig*	0,036	0,1141764	57,6209	51,5795	25,9838
2	9	9	*Sig*	0,0414	0,3788402	61,5037	507,2391	397,8084
2	10	10	*Sig*	0,0405	0,0312936	60,4691	-65,3461	-68,6847
2	11	11	*Sig*	0,0292	0,1301766	52,6156	154,2056	108,5785
2	12	12	*Sig*	0,0262	0,4464912	46,2511	-76,6774	-80,0160
2	13	13	*Sig*	0,0337	0,146689	55,6512	55,9243	29,2157
2	14	14	*Si*	0,0262	0,352836	46,3431	-76,666	-80,0051
2	15	15	*Sig*	0,0277	0,0926593	51,6435	-75,1732	-78,5118
2	16	16	*Sig*	0,0382	0,4047504	59,8174	365,1768	281,7127
2	17	17	*Sig*	0,0366	0,1187491	57,8674	176,043	127,4484
2	18	18	*Sig*	0,043	0,2659464	61,0419	740,247	587,786
2	19	19	*Sig*	0,0409	0,4721064	60,745	910,921	726,558
2	20	20	*Sig*	0,0401	0,4041144	59,5825	1098,415	879,1829

164

Annexe 6: Performances des différentes configurations du RNA de la prédiction du % du fructose et du glucose des fractions séparées

Nbre de couches cachées	Nbre de neurones par couche Niveau supérieur	Niveau inférieur	Fonction	MSE	R^2	% error	AIC	MDL
1	1	1	tang	0,041	0,9288	2,96211	560,063	308,846
1	2	2	tang	0,1096	0,95	6,203	420,947	162,767
1	3	3	tang	0,06	0,986	3,46	397,938	151,71
1	4	4	tang	0,0072	0,9974	1,332	347,336	125,014
1	5	5	tang	0,063	0,965	4,1	378,235	143,96
1	6	6	tang	0,0207	0,9817	2,145	352,614	130,292
1	7	7	tang	0,0528	0,928	3,735	877,301	344,206
1	8	8	tang	0,0037	0,9947	0,8084	324,014	113,6447
1	9	9	tang	0,0361	0,9844	2,381	615,4	237,691
1	10	10	tang	0,0026	0,998	0,754	362,302	128,027
1	1	1	sig	0,0256	0,756	6,517	715,361	396,247
1	2	2	sig	0,031	0,694	5,875	934,71	365,756
1	3	3	sig	0,032	0,699	5,854	834,865	325,675
1	4	4	sig	0,033	0,686	5,918	915,007	358,006
1	5	5	sig	0,0333	0,6809	6,1531	934,997	366,044
1	6	6	sig	0,0345	0,7045	6,1867	495,166	189,174
1	7	7	sig	0,038	0,6326	5,928	855,655	334,513
1	8	8	sig	0,0341	O,6733	5,858	915,109	358,108
1	9	9	sig	0,033	0,6888	5,881	694,983	269,462
1	10	10	sig	0,0307	0,694	6,0386	894,591	349,542
2	1	1	tang	0,0014	0,9973	0,5324	1462,693	814,281
2	2	2	tang	0,0001	0,99984	0,1682	2763,76	1311,52
2	3	3	tang	0,00001	0,99982	0,1131	1809,48	847,144
2	**4**	**4**	**tang**	**0,00001**	**0,99997**	**0,049362**	**231,9291**	**1237,244**
2	5	5	tang	0,0007	0,9984	0,434	2425,71	1154,231
2	6	6	tang	0,0043	0,9908	1,109	1495,7	398,981
2	7	7	tang	0,0006	0,9996	0,365	1306,18	342,919
2	8	8	tang	0,0009	0,999	0,411	2270,931	608,43
2	9	9	tang	0,0009	0,9992	0,4944	2265,14	607,003
2	10	10	tang	0,0003	0,99991	0,1515	2193,72	584,9
2	1	1	sig	0,0588	0,6985	1,1318	1991,6689	1134,4744
2	2	2	sig	0,079	0,53	11,158	1340,276	642,913
2	3	3	sig	0,078	0,55	11,153	926,23	441,46
2	4	4	sig	0,086	0,0504	11,6564	386,85	179,394
2	5	5	sig	0,078	0,562	11,176	922,186	439,475
2	6	6	sig	0,084	0,46	11,52	780,66	370,87
2	7	7	sig	0,082	0,43	11,291	802,49	381,406
2	8	8	sig	0,083	0,405	11,44	522,612	245,309
2	9	9	sig	0,086	N 0,22	11,68	42,87	12,05
2	10	10	sig	0,081	0,595	11,359	962,444	459,192

3	1	1	*tang*	0,01751	0,9639	2,6002	3523,553	2011,156
3	2	2	*tang*	0,00829	0,9848	1,4003	4108,08	2344,466
3	3	3	*tang*	0,0209	0,9585	2,61544	3845,322	2197,132
3	4	4	*tang*	0,0168	0,965	2,24	3293,165	1878,37
3	5	5	*tang*	0,0064	0,9892	1,605	4877,5183	2786,303
3	6	6	*tang*	0,0075	0,9827	1,246	4773,138	2726,904
3	7	7	*tang*	0,015	0,97	2,3454	3652,058	2084,495
3	8	8	*tang*	0,0115	0,9785	1,8125	4405,3739	2516,999
3	9	9	*tang*	0,0109	0,9811	2,0279	4604,835	2631,5903
3	10	10	*tang*	0,0078	0,987	1,4678	4237,467	2418,68
3	1	1	*sig*	0,0649	0,3217	9,6692	672,652	375,604
3	2	2	*sig*	0,0683	0,21005	9,7646	3071,168	1756,52
3	3	3	*sig*	0,0664	0,10808	9,6611	1918,888	1093,095
3	4	4	*sig*	0,065	N 0,4278	9,5422	960,6742	541,412
3	5	5	*sig*	0,0678	0,1655	9,7025	1807,092	1028,827
3	6	6	*sig*	0,0616	N 0,00288	9,4661	590,1312	327,88
3	7	7	*sig*	0,0611	0,00707	9,3426	700,05	391,1211
3	8	8	*sig*	0,0685	0,0804	9,8162	173,199	88,329
3	9	9	*sig*	0,0671	N 0,1435	9,9951	852,9846	479,5533
3	10	10	*sig*	0,0692	N 0,1241	9,7831	973,298	548,944

www.ingramcontent.com/pod-product-compliance
Lightning Source LLC
Chambersburg PA
CBHW021051210326
41598CB00016B/1180